物 理 改訂版

授業の実況中継

[力学・波動]

1

語学春秋社

はしがき

　みなさんの物理に対する印象はいかがですか。難しい，堅苦しいと思っていませんか。物理は考え方・物の見方をとても大切にしている学問です。そのカン所をつかめば，自由で創意あふれる世界が広がっていきます。カン所をつかむのは難しいことではありません。たいていは**「なんだ。こんなことだったのか」**と言いたくなるぐらい単純なことなんです。

　物理の世界はいくつかの法則に基づいてピラミッドの如く積み重なってできています。その構造には所々に急所というかポイントになる部分があって，その理解を誤ると，世界は崩壊してしまいます。まぁ，簡単に言えば「分からなィー！」となるわけです。

　これから始まる講座では，そんなポイントになる所を取り上げ，**みなさんの物理の世界に命を吹き込んでみたいのです**。分かりにくいところ，誤りやすいところに重点をおいてお話しします。そして，**入試問題が「解ける」という実戦力**につなげたいと思っています。

　物理が得意だという人も結構大きな思い違いをしているものです。ただ，公式で解ける計算問題ではそれが現れてこないだけです。そして応用問題に出会ったとき，ハタと困ることになります。**我流（思い込み）は禁物です。正しい理解こそ応用問題を解く力につながっていくのです。**

　元にしたのは河合塾で行った衛星放送による授業（サテライト授業）ですが，ライブの単なる文字化，記録ではなく，本という世界の中で，その特色を活かした新しい授業を創造してみたいと思っています。

　教室はもはや架空の空間ですが，あなたには最前列の席が用意されています。さあ，身を乗り出して受講してください。

新 課 程 を迎えて

　教科書は『物理基礎』と『物理』とに分けていますが，この分け方は物理を体系的に学ぶのには適していません。力学・波動・熱・電磁気・原子と**分野ごとに順次進めば，深く理解できる**のです。そこで，本書は**分野別の編成**とし，以下のように2分冊にしました。

第1巻：力学・波動
第2巻：熱・電磁気・原子

　実際には，学校の進み方に合わせて，適当に飛ばしていってください。たとえば『物理基礎』の段階では，『物理』の力学（第4回や第7回以降）をスキップし，第12回の波動に入るのもよいでしょう。また，授業の中でも『物理基礎』の範囲外の話になる場合は断り書きを入れています。

　いずれにしろみなさんが学校の授業との関係で困ることのないようにしました。こうした**新課程への配慮**に加えて，**より分かりやすく**なるよう，**より深く理解できる**ように従来の内容に加筆，改訂を施しています。

　2024年2月

　浜島清利

授業の内容

力 学

🌀 は『物理基礎』の範囲を示します。

物理授業の実況中継2

熱
第19回　熱と分子運動論
第20回　熱力学(1)
第21回　熱力学(2)

電磁気
第22回　静電気
第23回　コンデンサー(1)
第24回　コンデンサー(2)
第25回　直流(1)
第26回　直流(2)
第27回　直流(3)

第28回　磁場と電流
第29回　電磁誘導
第30回　交流
第31回　電磁場中の荷電粒子

原子
第32回　光電効果
第33回　粒子性と波動性
第34回　原子構造(1)
第35回　原子構造(2)・X線
第36回　原子核(1)
第37回　原子核(2)

物理を学ぶにあたって

まずはイントロとして，物理の勉強についてのアドバイスです。

■「なぜ？」という疑問を大切に

物理のココロはと問われれば……それは，「**なぜ？**」という**姿勢**でしょう。いつも疑問を大切にしていってください。疑問が解決したり，まるで異なった現象が1つの法則で説明できることに気がついた時の「分かった！」という感動こそ学びの原動力です。

物理の勉強は2つの段階に分けられます。まず，第1段階。何より「**考え方が分かる**」ことが大切です。法則や公式を知っていることとは違います。**法則のもつ意味がつかめているかどうか，公式の導出過程が分かったかどうかなのです。**物理としてとても大切なことなのですが，物理嫌いを生む原因にもなります。一因は教科書にあるでしょう。正確で論理的なだけに，堅苦しい表現に終始し，心がこもっていないのです。これからの講義は，分かりやすく，生き生きと，物理の魅力が伝わるものにしたいと思っています。

次に第2段階。ある程度分かったら，「**問題を解く**」ことです。物理の法則は1つの式，あるいは1行の文章で表されているのですが，内容はとても深いのです。いろいろな現象に適用できるのです。**問題を通して法則の適用を学んでいくうちに，だんだん法則のもつ深みが分かってきます。**法則が会得できていく，自分のものになっていくのです。ぜひ多くの問題に出合ってください。そしてそれらを貫く考え方はいつも同じであることをつかんでほしいのです。公式は一生懸命覚えるものではなく，多くの問題を解いているうちに自然に覚えてしまったというのが望ましいのです。

以上のことを図にしてみましょう。

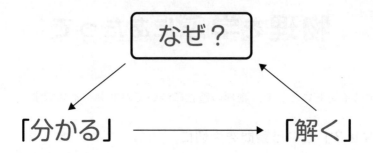

とくに「解く」から「なぜ？」を通しての「分かる」への矢印に注目してください。問題を解くのは入学試験をパスするためのものというより，物理の理解を深めるために，物理とは何物（なにもの）であるかをつかむために必要な体験なのです。**間違えることも大切**です。間違えるたびに理解が深まります。第1段階の「分かる」は，こうしてどんどん内容が豊かになっていきます。

別のたとえをしてみましょう。大樹（たいじゅ）となるためには地中深く根（ね）を張らなければいけませんね。同じことです。高度な問題が解けるようになるためには，"基本の理解"という根を深く張っていかなければいけないのです。物理の得意な人に「基本が大切だよ」と言うといやな顔をされます。「基本はもう終わっているのに」と顔に書いてあります。でも，**基本を理解すること（根を張ること）に終わりはない**と言っていいでしょう。これは他の教科と比較しても物理の際だった特徴です。

「分かる」から面白くなるし問題が「解ける」ようになる，「解ける」から面白くなり，間違えることによってさらにクリアーに「分かる」――というサイクルが回り始めると，実力が急激に伸びていきます。ただ，暗記が主体の科目と違って，成績となって現れるには多少時間がかかります。功（こう）を焦（あせ）らないでください。

「なぜ？」を重視し，理解を深める問題を効果的に配列している参考書かつ問題集として，『物理のエッセンス』〈河合出版〉をお薦（すす）めします。私が書いたのでちょっと恐縮（きょうしゅく）ですが……。一度本屋さんで見てください。

■ 図を描いて考える

さて，話をもう少し具体的にしていきましょう。**どんな現象が起こっているのか，現象のイメージをもつことが出発点です**し，**最も大切なことです**。考えをまとめるとき，いつも図を描くようにしてください。**図を描くことは本質をとらえること**です。余分なものを切り捨て，大切なことを浮き立たせる作業です。式は，描いた図に基づいて作っていくのです。

図を描いた段階で半分以上のことが終わっているのです。それほど図が大切だということです。小さな図でなく，大きな図を描いてください。**図はあなたの実力を表しているのです。**

■ 背伸びしない

実力を超えた問題集を使わないように。特に，**新しく習ったところや苦手なところは，シンプルな問題（2，3行の文章の）を数多くやってみることが大切**です。公式を見ながら解けばよいのです。そのうち見ずにすむようになる——自然に覚えてしまうのがベストです。

さて次の段階。自習用に用いる問題集は，7割ぐらい正解できるものがよいでしょう。「大は小を兼ねる」という発想からか，いたずらに難問題に手を出す人がいます。難問題ほど入試で出される確率は低くなるし，物事の本質が見えにくくなっているのです。**入試で合否を決めるのは，実際は標準問題なのです。**これは肝に銘じた方がいいでしょう。**実力をオーバーした問題集が君をダメにするのです。**

■ コンスタントに

物理はスポーツに似たところがあります。初めて野球をやると思ってください。バッティングの理論を習っただけで打てるわけはないでしょう。

自分で何度もバットを振り回すうちに，感じがつかめてくるのです。はじめは空振りばかりでしょうが，やがてファウルチップするようになり，たまたまヒットでき，——といった具合に進歩してくるのです。物理でいえば，法則を習ったからといってすぐ使えるものではなく，いろいろな問題で使ってみてやがて身に付いてくる，ということです。

こうして身に付けたこともしばらく放っておくと"カン"が失われてしまいます。公式は記憶に残っていたとしてもバラバラになって，つながりが失われてしまうのです。身に付けるのは大変ですが忘れるのは驚くほど速いのです。そうならないためには，ときどきバットを振っておくこと。習い終わったところをときどき振り返れということです。**これくらいなら大丈夫と思う空白期間が，ダイヤモンドを石ころに変えてしまうのです。**

スポーツにたとえたもう1つの理由はこうです。ピッチャーはいろいろなボールを投げてきます。1球たりとも同じボールはありませんね。でも，カーブならこう打つとか決まっているでしょ。問題は千変万化してきます。でも，**いつも考え方は同じなのです。**「なんだ，同じことだな」と思えたときが，その項目をマスターできたときなのです。

■ 物理を楽しむ

物理は教科書の中だけのものではありません。あなたの身の周りで起こっていることに直結しています。そんなつながりに気づくと興味が増し，理解が深まります。この講義でも「雑談」としていっぱい取り入れています。ぜひ物理の面白さを楽しんでみてください。

もちろん，この本に書かれていないことも多くあります。自分でつながりを'発見'したとき，さらに大きな感動が味わえるでしょう。新聞やテレビなどの科学に関する情報にいつも目を見開き，耳をそばだて，好奇心を持って進んでいきましょう。テレビのクイズ番組なども「なかなか」と感心させられることがありますよ。

〈必要な数学〉

■ 三角関数

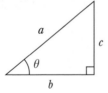

サイン（正弦） $\sin \theta = \dfrac{c}{a}$　　コサイン（余弦） $\cos \theta = \dfrac{b}{a}$

タンジェント（正接） $\tan \theta = \left(\dfrac{\sin \theta}{\cos \theta} = \right) \dfrac{c}{b}$

$$\sin^2 \theta + \cos^2 \theta = 1 \qquad \sin 2\theta = 2 \sin \theta \cos \theta$$

$$a^2 = b^2 + c^2 \quad （三平方の定理）$$

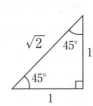
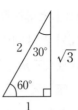

■ ベクトル

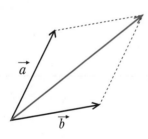

和 $\vec{a} + \vec{b}$

平行四辺形を描く

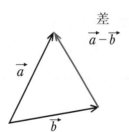

差 $\vec{a} - \vec{b}$

■ 2次方程式

$$ax^2 + bx + c = 0 \qquad 解は \quad x = \frac{-b \pm \sqrt{b^2 - 4ac}}{2a}$$

$$\left(ax^2 + 2b'x + c = 0 \qquad 解は \quad x = \frac{-b' \pm \sqrt{b'^2 - ac}}{a} \right)$$

■ 円と球

円（半径 r）：　円周 $= 2\pi r$　　　面積 $= \pi r^2$

球（半径 r）：　表面積 $= 4\pi r^2$　　体積 $= \dfrac{4}{3} \pi r^3$

特に断りがない限り，次のように考えて読んでいってください。

力　学
- 空気の抵抗は無視する。
- ばねと糸の質量は無視する。
  糸は伸び縮みしないものとする。
- 「軽い」とは質量が無視できることを意味する。
- 「滑らか」とは摩擦が無視できることを意味する。
- 「小さい」とは物体の大きさが無視できることを意味する。
- 滑車は軽くて滑らかなものとする。
- 地面，床，天井は水平とする。
- <u>重力加速度の大きさは g とする。</u>

波　動
- 波が伝わるときの減衰は無視する。
- 空気の（絶対）屈折率は 1 とする。

第1回 等加速度運動・落体の運動
3つの公式で解ける！

初回のメインテーマは等加速度直線運動です。直線上の運動について、速さと速度の違いを確認し、加速度とは何かをしっかりつかんでいきます。そして、加速度が一定のケースが等加速度運動で、運動の中でもとりわけ大切なものです。落体の運動はその応用に過ぎないことをつかんでほしいですね。

■ まずは等速運動の確認から

運動の基本は等速運動で、「距離」＝「速さ」×「時間」の関係があることは知っていますね。速さは1秒間（1 s間）に進む距離のことで、単位は〔m/s〕でした。"速さ"のほかに移動の向きまで考えた量が"速度"です。東向きに5 m/sで動くのと、西向きに5 m/sで動くのとでは、速さは同じでも速度は異なるのです。直線上の運動では、速度 v の向きは正の向きを決めて符号で表します。座標軸 x をセットすれば、その向きが v の正の向きです。

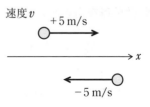

■ 加速度だってイメージをもって

速度は見た目ですぐ分かる量です。速いか遅いかだからね。分かりにくいのが**加速度**ですね。でも、日常でも「加速のいい車」とか使っているでしょ。加速度が大きいほど、アッという間に速度が増していくのです。

正確には、1 s間に速度がどれだけ変化していくかを表す量が加速度で

す。単位は〔m/s^2〕。増加でなく変化といったのにはわけがあって，減速のケースも含めてしまおうということなんだ。物理で「変化」といったら，必ず，（あとの量）−（はじめの量）のこと。たとえば，5 m/s から加速して2 s 間で 11 m/s になったとすると，加速度 a は $a=(11-5)\div2=3$ m/s^2
一方，16 m/s から 4 s 間で 8 m/s に減速した場合は $a=(8-16)\div4=-2$ m/s^2
このように減速のケースは加速度が負になります。

加速度も速度と同じく，「向き」まで考えた量です。やはり座標軸 x の向きが正の向きですが，x 軸ははじめの運動方向にセットするのがふつうです。

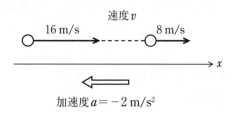

■ v–t グラフの特徴は 2 つ

v–t グラフは速度の時間変化を表すグラフです。これはグラフの中でも最も代表的なものといってよいでしょう。ポイントの第 1 は接線の傾きが加速度を表すということ，第 2 は面積が移動距離を表すということですね。

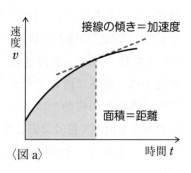

〈図 a〉

「接線の傾き＝加速度」は加速度の定義からいえることです。速度が時間とともに変わっている場合，微小時間 Δt での速度変化 Δv から $a=\dfrac{\Delta v}{\Delta t}$ となり，Δt を短くしていくと，グラフの接線の傾きに対応するのです。

一方，「面積＝距離」は，微小時間に分割して考えると，各時間帯では等速運動とみなしてよく，「距離＝速さ×時間」の関係から図 b の棒グラフ（斜線部）の面積

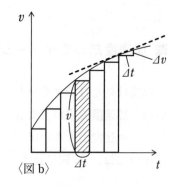

〈図 b〉

がその間の移動距離 $v\varDelta t$ を表してくれます。それらをトータルすると（もちろん分割はもっと細かくしていきながら），前ページの図 a の赤色の面積になるんですね。このようにグラフの面積を利用するというテクニックは今後いろいろなケースで登場してきます。**棒グラフ状にして，縦と横の積が意味のある量になるかどうかがポイント**ですね。

さて，次図 c のように速度が変化していたら，まず何を考えたらいいかというと，運動の様子ですね。負の速度はバックを表しています。だから，進んで行って，止まって——速度 0 の所ですね——そしてバックしたことが分かります。次に面積。S_1 は進んだ距離，S_2 はバックした距離ですね。S_1 の方が大きいから，動きはざっと図 d のような感じですか。

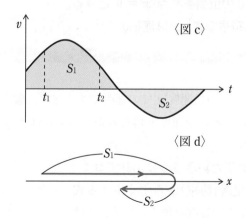

それから接線の傾きが加速度といったけど，時刻 t_1 では正の加速度だし，t_2 では，接線の傾きが負，つまり，負の加速度。正・負を含めてちゃんと成り立っているからね。

さて，**加速度が一定なら，v–t グラフは直線になります。**等加速度直線運動は最も大切な運動ですね。

■ 等加速度直線運動の公式の使い方

そこで，等加速度直線運動の公式の確認です。これは3つともみんな寝言<ruby>寝<rt>ね</rt></ruby>言<ruby>言<rt>ごと</rt></ruby>でも言えるような段階まできてると思いたいんだけどね。

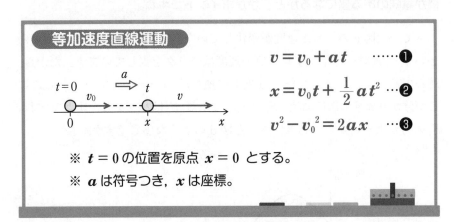

等加速度直線運動

$$v = v_0 + at \quad \cdots\cdots ❶$$

$$x = v_0 t + \frac{1}{2} a t^2 \quad \cdots ❷$$

$$v^2 - v_0^2 = 2ax \quad \cdots ❸$$

※ $t=0$ の位置を原点 $x=0$ とする。

※ a は符号つき，x は座標。

初速が v_0 で，一定の加速度 a での運動です。まず，❶と❷の式は時間 t を含んでいて，いつどんな速度 v になるか，あるいはどんな位置 x にいるかを決める式です。

これらが生まれ出たいきさつにふれておこう。

❶は加速度の定義（約束）からすぐ出せる式です。1秒間に a ずつ速度が増す。いま，a は一定だから，t 秒間には at だけ増すといっているだけのこと。❶を v-t グラフにしてみたのが右の図。グラフは直線で，傾きは a ですね。次に注目したいのが面積です。面積が進んだ距離 x を表してくれる。下の長方形（灰色）の

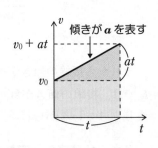

部分が $v_0 t$ で，上の三角形（赤色）が $\frac{1}{2} \times t \times at$ でしょ。2つを合わせれば❷にほかなりません。

それらに対して❸はちょっと性格が違いますね。これは時間 t を含んで

いませんから，**時間を問われない問題では有力**です。そう，もともと❶と❷からtを消去して❸を出したんだからね。3つのうちでこの❸が多分一番よく使われる式だと思います。というわけで，❶・❷と，❸の間には仕切（しき）りを入れて，役割分担（ぶんたん）をさせておいてください。

少し練習をしてみます。

> **「静止していた物体が加速度$3\,\mathrm{m/s^2}$で$24\,\mathrm{m}$動いたときの速さvは？」**

時間が顔を出していないことに注意。すると❸を用い，$v_0=0$から，$v^2-0^2=2\times3\times24$　右辺は$6\times6\times4$だから　$v=6\times2=12\,\mathrm{m/s}$ ですね。

もちろん，❷を用いて，$24=\dfrac{1}{2}\times3t^2$ から $t=4\mathrm{s}$ を求め，次に❶から $v=3\times4=12\,\mathrm{m/s}$ とするルートもあるんですが，回り道でしょ。でも，時間tが問われればこのルートをたどることになる。何が問われているかで用いる公式も変わるんですね。

さて，黒板には2つほど注意を書きました。1つは，座標軸を意識し，$t=0$のはじめの位置をx軸の原点としなさいということ。それから，**加速度aは正・負の符号をもつ**ということ。座標軸の向きが正の向きです。座標軸と逆向きの加速度は負で扱うのです。速度vも同じように符号をもっています。黒板の図はa，vが正の分かりやすいケースにしておいただけです。

あと，xは距離だと思っている人が多いですけど，実はこれは座標なんです。だから，負の座標位置ということだってあります。それが問題になるのは負の加速度の場合なんですが，減速しながら進んで行って，いったん止まってUターンする。やがてxが負の領域へ入っていきます。公式のxには負の値が入るわけですね。

ついでのことに，Uターン型の場合，**同じ場所では同じ速さ**になるということと，ある点から折り返し点まで**行く時間と戻る時間が等しい**ことは知っておいてください。運動は対称的になるのです。

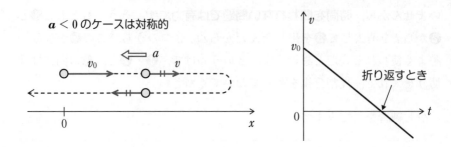

$a < 0$ のケースは対称的

折り返すとき

「正だの負だのメンドイな」と思うでしょうね。もっともですが，その お陰で３つの公式ですべてがまかなえるのです。「慣れたら有難みが分か るようになるよ」とだけ今は言っておきましょう。

■ 落体の運動は等加速度運動の典型例

じゃあ，落体の運動へ入りましょう。**自由落下，投げ下ろし，投げ上げ** とすべて公式として覚える人がいるけど，ゴクロウサンとしかいいようが ないですね。これらはみな，**重力加速度 g での等加速度運動**です。だか らさっきの３つの公式で扱えるわけで，**何も新たに覚える必要はありませ ん**。重力加速度はいつの場合も鉛直下向きです。ただ，注意するのは**加速 度 a の符号**です。$+g$ か $-g$ か？

それは採用する座標軸の向きで決まり ます。**物体を下向きに投げ下ろした場合** が図 a。初速 $v_0 = 0$ なら自由落下。座標軸 は――鉛直方向は y 軸を用いることが多 いのですが――出発点を原点とし，ふつ うは運動方向を正の向きにとります。こ の場合 y 軸は下向きですね。これと見比 べて，重力加速度は同じ向きだから，こ れは $a = +g$ で扱うケース。

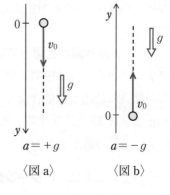

〈図 a〉　　〈図 b〉

$a = +g$　　$a = -g$

ベクトル量――速度，加速度，それから力，これらが向きまで考えるベ クトル量だね――の正・負は（正確にいうと成分の正・負ですが），すべて

座標軸の向きが支配します。座標軸を決めたらその向きを正にして，逆向きは負で扱う。その姿勢を守ること。

図bは投げ上げ運動です。初速 v_0 で投げ上げた。上がって行って，やがて落っこちてくる，さきほど話したUターン型。y 軸を上向きにとると，こんどは $a = -g$ として扱います。

もちろん，**座標軸のとり方は任意**というか好き勝手です。自分はいつも下向きを正にしたいという人はしてもいいんですよ。そうすると，図bの場合でも $a = +g$ で扱えるけど，そのかわり，初速 v_0 が負になりますからね。はじめの運動方向を正にするのは，v_0 が正で扱えるからなんです。その方がまぎれがないと思います。

問題 1 　落体の運動

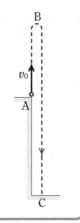

　ビルの屋上の点Aから小球Pを真上に初速 $v_0 = 12\,\text{m/s}$ で投げ上げたら，最高点Bに達した後，Aの真下の地上の点Cに落下した。重力加速度を $g = 10\,\text{m/s}^2$ とする。

(1) Bに達するまでの時間とBの高さ AB を求めよ。

(2) PがAから高さ4mの位置を初めて通るのは何秒後か。

(3) AC=17 m である。Cに達するのは投げ出されてから何秒後か。

---

　g の値は，より正確には $9.8\,\text{m/s}^2$ ですが，ここでは $10\,\text{m/s}^2$ を用いないといけません。計算をしやすくするために時々なされることです。

(1)　Aを原点として，初速度の向き，つまり上向きに座標軸をセットします。すると，$a = -g$ ですね。まず，**最高点Bの特徴は……？**　そう，一瞬止まること，**速度が0の位置**です。そこで公式❶を用いると，

$$0 = v_0 + (-g)t \quad \therefore \quad t = \frac{v_0}{g} = \frac{12}{10} = 1.2 \text{〔s〕}$$

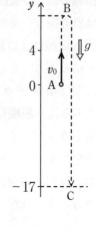

B の y 座標は,

$$y = v_0 t + \frac{1}{2}(-g)t^2 \quad \cdots ①$$

$$= 12 \times 1.2 - \frac{1}{2} \times 10 \times 1.2^2 = 7.2 \text{〔m〕}$$

公式❸を用いてもいいよ。

$$0^2 - v_0^2 = 2(-g)y$$

$$\therefore \quad y = \frac{v_0^2}{2g} = \frac{12^2}{2 \times 10} = 7.2 \text{〔m〕}$$

特に，いきなり最高点の高さを求めたい場合には，ぜひこの方式でいきたいね。

(2) やはり，式①と同様で，$y = 4$ だから,

$$4 = 12t - \frac{1}{2} \times 10t^2 \quad より \quad 5t^2 - 12t + 4 = 0$$

因数分解という手もあるけど，2次方程式の解の公式を用いて,

$$t = \frac{6 \pm \sqrt{36 - 20}}{5} = \frac{6 \pm 4}{5}$$

こうして，$t = 0.4$ と $t = 2$ という2つの解が得られます。

$y = 4$ の位置は上がるときと，下りるときとで2度通っていることに注意。初めて通るのは，もちろん**0.4 s**でしょう。特にいまはBに達したときが1.2 sとすでに分かっているので迷うことはないでしょう。

でも，いきなりこの設問に出合ったとしても大丈夫かな？　特に文字式の計算だと，平方根の前が＋になる解をほとんど習慣的に（？）選んでしまう人が多いんだ。公式❷のxは座標だったことを思い出してほしい。**式は忠実に2つの答えがあることを教えてくれているんですよ。**

$y = 4$〔m〕の点からBまで上がる時間$(1.2 - 0.4 = 0.8$〔s〕$)$とBから$y = 4$

まで下りる時間$(2-1.2=0.8〔s〕)$が等しいことも前にいっておいたことと合っています。

(3) これは一気に解けるのです。C 点の y 座標が $y=-17〔m〕$ であることさえ注意すれば，①と同じで，

$$-17=12t-\frac{1}{2}\times10t^2$$

$$5t^2-12t-17=0 \qquad \therefore \quad t=\frac{6\pm\sqrt{36+85}}{5}=\frac{6\pm11}{5}$$

$t>0$ より，こんどは答えは 1 つに決まって，$t=3.4〔s〕$ ですね。

もう 1 つの $t=-1〔s〕$ にも意味はあるんです。それは A 点より下からずっと投げ上げられてきたとしたら，A に達する 1 s 前に C 点を通ったはずだということですが……頭が痛くなってきた？　少し深入りし過ぎたかな。この世に生じようとして消し去られる解のことを考えてみるのも時として勉強にはなりますね。公式❶，❷の時刻 t は $t>0$ でしかあり得ないというのは少し心の狭い見方なんですよ。

それはともかく，正解者だけを集めてみると，上のように解いている人の方が少数派。多くの人は，B から C までは自由落下に運動が切り替わったと考え，BC 間の時間 t_1 を調べています。すると，B を原点として下向きに座標軸をセットし直す事になり，$a=+g$ のケースです。初速はないので，$y=\frac{1}{2}gt_1^2$ として，

$$7.2+17=\frac{1}{2}\times10t_1^2$$

$$\therefore \quad t_1=\sqrt{\frac{24.2\times2}{10}}=\sqrt{\frac{121\times4}{100}}=\frac{11\times2}{10}=2.2$$

これに(1)で求めた AB 間の時間 1.2 s を加えて 3.4 s が得られます。でも，もし，(1)がなく，(3)から問われたとしたら……両者の計算スピードには大差がつきますよ。

等加速度運動の公式の x は座標，そして U ターン運動でも全体が 1 つの座標軸で扱える。くれぐれもお忘れなく。

■ "相対運動"のマスターでパワーアップ

2つの物体の運動を扱うとき，相対速度や相対加速度を用いるとスマートに解決できることがよくあります。でも苦手な人が多いね。ウィークポイントの代表です。「相対」なんていうと，すごく高尚な響きがして，「へへー」と恐れいっちゃうんじゃないかな。

まず，相対速度は，動いている人が見た物体の速度ですね。自分が車に乗って走っていれば，まわりの車の動きは相対速度を見ていることになります。体験を生かしてほしいね。同じ速度の車は止まって見えるし（相対速度が0），自分より遅い車は後ろに下がっていくように見える。風景と比べちゃダメだよ。その車だけを見ての話です。

Aに対するBの相対速度uといえば，Aとともに動く人が見たBの速度のことで，$u = v_B - v_A$として求められます（図a）。ただし，速さの引き算でなく，速度の引き算です。図bのケースなら，右向きを正とすると，$u = (-15) - 20 = -35$〔m/s〕。左向き35 m/sの速さに見えるということです。電車がすれ違うとき，相手の方がスピードが速いように感じるのがこれです。厳密には，相対速度は速度ベクトル

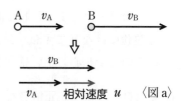

〈図a〉

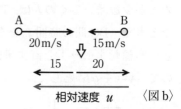

〈図b〉

の引き算なので，作図でも示しておきました。直線上なら，「同方向は速さの差，逆方向は速さの和」と簡略化してもいいでしょう。これ，けっこう役立ちますよ。

引き算の順番を間違えないように。「Aに対する」とは「Aが見た」ということ。相対速度は見た人の分を引く（ベクトル的に引く）んです。もともとBの動きを扱い

> 相対（加）速度
> は
> 見た人の分を引く

たいので，速度 v_B が主役で，先頭に立って，$u = v_B - v_A$ の順なんだと思ってもいいでしょう。

　相対加速度も，同じように，加速度(ベクトル)の引き算で求まります。

問題 2　相対運動

　A は初速 $v_A = 40\,\text{m/s}$，加速度 $a_A = 8\,\text{m/s}^2$ で，一方，B は初速 $v_B = 120\,\text{m/s}$，加速度 $a_B = 3\,\text{m/s}^2$ で同じ位置から同時にスタートする。A から見て B が最も遠く離れるのは何秒後か。そのときの AB 間の距離は何 m か。また，A が B に追いつくのはスタートから何秒後のことか。

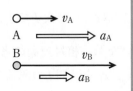

---

　2 つが動き，しかも速度，加速度がバラバラ。頭の中がゴミ箱をひっくり返したようになってしまう？　だから，**B だけの動きにしたい**。それが A から見た B の相対運動です。まず，初速度(相対)は $v_B - v_A = 120 - 40 = 80\,\text{[m/s]}$。この速さで B は A から離れ始めます。一方，相対加速度は，$a_B - a_A = 3 - 8 = -5\,\text{[m/s}^2\text{]}$。マイナスは左向きの加速度を意味し，この場合は減速に対応します。

つまり，**A から見た B の動きは，上の図のような U ターン型の等加速度運動**。最も遠く離れるのは，B が一瞬止まるときで，相対速度が 0 になるときだから，公式❶を用いて，

$$0 = 80 + (-5)t \qquad \therefore \quad t = \mathbf{16}\,\text{[s]後}$$

AB 間の距離は，公式❷を用いてもいいけど，❸の方がベターでしょう。

$$0^2 - 80^2 = 2 \times (-5) \cdot \text{AB} \qquad \therefore \quad \text{AB} = \mathbf{640}\,\text{[m]}$$

　さて，A が B に追いつくのは，B が原点 $x = 0$ に戻ってくるときです。

「折り返し点まで行く時間と戻る時間は等しい」という例の U ターン型の対称性を使えば，

$$16 \times 2 = \mathbf{32}〔\mathrm{s}〕後$$

と，アッという間に解決だね。正攻法は，❷を用いて，

$$0 = 80t + \frac{1}{2} \times (-5)t^2 \qquad \therefore \quad t = 32〔\mathrm{s}〕後$$

これはこれで大切ですよ。

　なお，相対運動の考え方を用いないとすると，A，B が移動した距離 x_A，x_B を時間 t の関数として表し，$AB = x_B - x_A$ の最大値を調べる……と数学ッポイ内容になってしまうので，いまは立ち入らないでおきます。

　今回は直線上の運動を扱いました。次回はこの発展といえる平面上の運動——放物運動に入ります。本来は教科書の物理でくわしく扱う内容ですが，物理基礎でもふれられているし，ここまで来たら，踏み込んでしまいたい領域なんです。

第 2 回

放物運動

運動を分解して扱う

前回，落体の運動について話しました。もっと一般的にして，放物運動（ほうぶつ）の話に入りましょう。といっても，つまるところ，等加速度運動の 3 つの公式❶，❷，❸(p. 10) で解決できます。

■ 放物運動は水平と鉛直に分解して考える

さて，次の図は斜方投射（しゃほう）です。小球を初速 v_0 で角度 θ 方向へ投げ出しました。放物線を描いて飛んで行きます（え）。**速度ベクトルの向きは軌道の接線方向です**（そ）。といっても放物線に沿って解くわけではなく，現実には**水平 x 方向と鉛直 y 方向に，運動を分解して見ていく**という手法（しゅほう）をとるわけですね。

水平方向は等速度で動きます。それは水平方向には力がかからないからなんですね。一方，**鉛直方向は重力 mg がかかるから，重力加速度 g で等加速度運動をします**。これは，第 5 回で扱う運動方程式をバックにしてのことですが，いまは知識にとどめてください。図の場合なら，鉛直方向の動きだけ見ていると，投

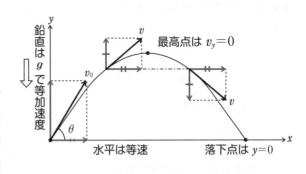

鉛直は g で等加速度

v_0

θ

水平は等速

最高点は $v_y = 0$

落下点は $y = 0$

げ上げ運動だね。この 2 つの性質を組み合わせれば，放物運動の問題は確実に解けます。

もう 1 つ，図で注目してほしいのは，**同じ高さの 2 つの点**です。鉛直方

向は，等加速度運動の U ターン型の性質そのままに，速度成分の大きさが等しいんですね。一方，水平方向は等速運動で一定だから，結局，2 点での速さは等しいし，速度ベクトルは水平に対して対称的になります。

次に最高点です。記述模試の採点をしていると，最高点では速度が 0 って書く人がかなりいるけど，速度が 0 になるはずはないよ。水平方向の成分が残ってるからね。0 になるのは **速度の y 成分 v_y** です。

では，「**最高点での加速度はいくらか？**」……

これでアタフタするようではいけませんね。まさか 0 とは答えていないでしょうね。いつだって，どこだって，**重力加速度 g で下向き**に決まっています。

次，落下点へいきましょうか。落下する位置は x 軸上。それは $y=0$ の位置だから，落下点は $y=0$ という特徴を使って解いていきます。**放物運動の問題は，こんなふうに何か特徴を生かして解いていくのです。**

そういえば，ある有名な参考書に「軌跡が放物線になるのでこの運動を放物運動とよぶ」とあったのにはびっくりしました。話が逆じゃないか！物を放る運動で現れる 2 次曲線だから放物線とよぶようになったんですよ。本末転倒というやつだね。

勉強になるから，軌跡の式（y を x で表す式）を導いてみよう。水平方向は $v_0 \cos\theta$ の等速だから，t 秒後は $x=v_0 \cos\theta \cdot t \cdots$① 一方，$y$ 方向は初速 $v_0 \sin\theta$ で，$a=-g$ のケースだから，❷を用いて，$y=v_0 \sin\theta \cdot t + \dfrac{1}{2}(-g)t^2 \cdots$② ですね。①と②から t を消去すると，$y=ax^2+bx+c$ の形になり，軌跡が放物線になることが分かるんです。 なお，定数は，$a=-g/2(v_0\cos\theta)^2$，$b=\tan\theta$，$c=0$ です。

ところで質問。

「崖の上から水平方向に小石 A と B を同時に投げ出した。A の方が軽くかつ初速が速い。どちらが先に地面に落ちるか」……………

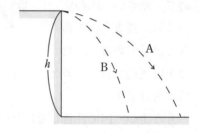

水平投射とよばれるタイプです。まず，小石の質量はヒッカケで関係なし。次に鉛直方向に着目すれば，どちらも初速のない自由落下。だから同時に落ちますね。あえて，計算で示せば，崖の高さを h として，$h=\dfrac{1}{2}gt^2$ よって，$t=\sqrt{2h/g}$　もちろん，座標軸は投げ出した点から下向きにセットしてのことです。

■ 固定面との衝突の扱い方

滑らかな壁や床に物体がぶつかってはね返ると……という話です。**物理**の範囲だけど，放物運動とからめて出題されることが多いので，ここで扱っておきましょう。反発係数(はね返り係数)を e として，まずは次の図 a のように垂直に衝突するケースから。速さ v でぶつかってはね返ると速さは e 倍，ev になります。e は物体と壁(床)を作る物質で決まる定数で，$0 \leqq e \leqq 1$ ですから，はね返ると一般に遅くなります(当然だね)。

そのほか，斜めにぶつかるケースが入試ではよく出てきますね。図 b です。そのとき必ずやるべきことは，

「速度を面に平行な成分と垂直な成分に分ける」

ことです。面に平行な成分に関していえば，衝突後も変わらないのです。一方，垂直成分は e 倍になる。それらを合成したのが，はね返り直後の速度ベクトルです。

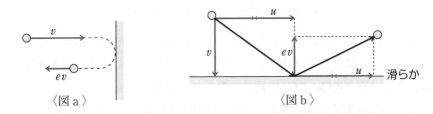

〈図 a 〉　　　〈図 b 〉

図 b は，水平な床にぶつかるような感じで描いてあるけど，どうでもいいんです。ちょっと図を 90° 回してみてください。鉛直な壁に斜めにぶつかってくるケースに見えるでしょ。そんな場合でも，必ずこうやって速

度を分解して扱っていくんです。もっと複雑なケースで，斜面に斜めにぶつかってきてもね，必ずこうやって分けて考える。面方向と，面に垂直な方向とに……。分かりましたか。じゃあ，［問題3］へ進みましょう。

問題 | 3 　放物運動

　滑らかな水平床上の点 O から角 θ の方向に初速 v_0 で小球を投げ出したら，床上の点 A で一度はね返り，点 B に達した。最高点の高

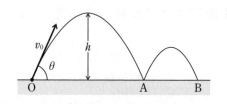

さ h と A に達するまでの時間 t_1，および OB 間の距離を求めよ。また，OB を最大にする θ はいくらか（v_0 は一定とする）。重力加速度を g，小球と床との反発係数を e とする。

　まずは初速度を水平，鉛直と 2 つに分解しておきます。もちろん水平成分は $v_0 \cos \theta$，それから鉛直成分は $v_0 \sin \theta$　鉛直上向きを正としたから… $a = -g$ だね。

　これで準備が整いました。まず，最高点の高さ h を出そう。最高点では $v_y = 0$ を用いるんだったね。等加速度運動の公式❸を使います。

$$0^2 - (v_0 \sin \theta)^2 = 2(-g)h \qquad \therefore \quad h = \frac{v_0^2}{2g} \sin^2 \theta$$

　右辺に注意。$2gh$ とやる人が結構多いからね。それだと h はマイナスで出るはずなのに，答えはプラスで書くから不思議ですね。**等加速度運動の公式を用いるときは，ぜひ符号に注意してください。**

　次に，A 点まで行く時間 t_1　こんどは落下点の条件を使って，$y = 0$ 公式は❷を使います。

$$0 = (v_0 \sin \theta)t_1 - \frac{1}{2}g t_1^2 \qquad \therefore \quad t_1 = \frac{2v_0}{g}\sin \theta$$

これ，一見，2次方程式に見えるんですが，t_1 は両辺から1つ分取れちゃいますから，1次方程式で簡単に解けます。

人によっては最高点まで行く時間 t_0 を求めておいて……公式❶を用いて，こんなふうかな。

$$0 = v_0 \sin \theta - g t_0 \quad \therefore \quad t_0 = \frac{v_0}{g} \sin \theta$$

そして放物運動の対称性，Uターン型の対称性を使う。最高点まで上がる時間と下りる時間は等しいから，$t_1 = 2t_0$ と求めます。この方式でいく人は，2倍するのを忘れやすいから注意してください。

■ 対称性をフルに活用

さて，いままで言ってきたことが本当に分かっているかどうかが，次の問いで試されます。「OB間の距離を求めよ」，これがかなりやっかいな問題。

Aで斜め衝突になっていますね。この斜め衝突をまず解決しないといけないんですが，y 方向はUターン型，対称性を使えば，**衝突直前の速度の y 成分は，はじめと同じ大きさになるはず**です。つまり，$v_0 \sin \theta$！はね返ればその e 倍になるから，$e v_0 \sin \theta$ だね。これが今度始まる放物運動の y 方向の初速度の成分になります。長々と言ってきたようだけど，ここまでサッと押さえちゃうんですね。時間にしたら10秒以内のことかな。

そうするとさっきと同じように，AB間を飛ぶ時間 t_2 は，また $y=0$ を使っていけばいいから，

$$0 = (e v_0 \sin \theta) t_2 - \frac{1}{2} g t_2^{\,2} \quad \therefore \quad t_2 = \frac{2 e v_0}{g} \sin \theta$$

さあ，水平方向へ飛んだ距離 OB にいこう。もちろん水平方向は $v_0 \cos \theta$ の等速運動で OA 間をやってきて，A で衝突しても滑らかな水平面だから変わらず，またその後も放物運動で水平成分は変わらないから，**水平は OB 間一貫して等速**ですね。そこで，

$$\mathrm{OB} = v_0 \cos \theta \cdot (t_1 + t_2)$$

$$= \frac{2(1+e)v_0^2}{g}\sin\theta\,\cos\theta = \frac{(1+e)v_0^2}{g}\sin 2\theta$$

最後の変形では三角関数の2倍角の公式を用いました。こうしておくと次の設問に答えられます。「OBを最大にするθは？」です。$\sin 2\theta$が最大値1になるようにしてやればいいから，2θが90°。だから　θは45°

斜方投射をして遠くへ飛ばそうとするには，45°で投射すればいいってことはみんな知ってるでしょう。だけど，こんな例は初めてだろうと思います。まあ，この場合も45°になっちゃいますね。Aではね返った直後は45°じゃないんだから，少し意外な気もするね。

■ 難問に挑戦

ところで，Aの手前に鉛直で滑らかな壁を立てるとします。

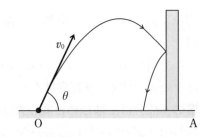

> **「同じように小球を投げ出すと，床に落下するまでの時間tはいくら？　壁との反発係数はeとします」**

これはメチャクチャ難しそうに見える問題だね。いや，まともに解いたら大変なことになるよ——というのがヒント。さらにヒントを出そうか。鉛直方向の動きだけに目を向けるといいんだ。………

鉛直方向の速度成分は，壁に当たっても影響を受けないことに注意。p. 21の図bを思い出してほしいね。結局，**鉛直方向には単なる投げ上げ運動が続いている**んですね。OA間の時間と同じことです。つまり，

$$t = t_1 = \frac{2v_0}{g}\sin\theta$$

念のためつけ加えると，水平方向は壁に当たるまでが$v_0\cos\theta$での等速運動，当たってからは$ev_0\cos\theta$の等速運動だね。さあ，こんなところで放物運動もいいでしょう。

■ 速度の合成と相対速度

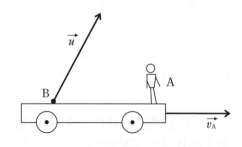

　右の図を見てください。速度 $\vec{v_A}$ で動いている台上で，台に対して速度 $\vec{u}$ で B を打ち出すとしよう。

　すると，地面に対する B の実際の速度 $\vec{v_B}$ は，$\vec{v_B}=\vec{v_A}+\vec{u}$ となる。これが**速度の合成**ですね。ベクトルの和となります。

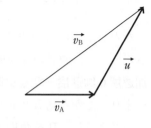

　たとえば，急ぐときにはエスカレーターを駆(か)け上がるでしょ。あれは速度の合成をやってるわけ。新幹線の窓が開かないようになっている理由の1つは，窓から缶(かん)ジュースをポイと棄(す)てられたら危険なことになるから。$\vec{u}=0$ でも $\vec{v_B}=\vec{v_A}≒200\,\text{km/時}$ でスッ飛んでいくことになる。プロの投手でも $160\,\text{km/時}$ で投げられる人は，数えるほどしかいないんだからね。

　さて，動いている人が見た物体の速度を**相対速度**といいました。前回は直線上の話で終わってしまったので，もっと一般的にしておこう。上の場合なら $\vec{u}$ が相対速度です。そして図から，物体の速度 $\vec{v_B}$ と人の速度 $\vec{v_A}$ が分かっているなら，相対速度 $\vec{u}$ は $\vec{u}=\vec{v_B}-\vec{v_A}$ として求めてよいことも分かるでしょ。こんどはベクトルの差だね。$\vec{u}$ のことを A に対する B の相対速度といいました。「**A に対する**」とは「**A が見た**」ということ。**相対速度は見た人の分を引く**（ベクトル的に！）のでしたね。

　こうして，速度の合成と相対速度は関連性をもっています。何が未知(みち)かによる違いと言ってもいいでしょう。$\vec{v_B}$ が未知なら速度の合成，$\vec{u}$ が未知なら相対速度ですね。

雨が降っているとき，新幹線に乗っていると，窓を斜めに雨滴が流れる。実際は真下に降っているのに……あの流れは相対速度の向きですね。

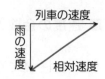

速度の話ばかりしてきましたが，加速度の合成や相対加速度も同じ要領で扱えます。少し練習してみようか。

> **「A は自由落下，B は初速 v_0 の投げ上げ運動です。A から見ると B はどんな運動？」**

なかなか高度な問題ですよ。ヒントは相対加速度を考えてみること。……両者の加速度は重力加速度 g で共通だから，**相対加速度は 0。加速度 0 は速度一定を意味し，いまの場合は相対速度が一定ということ。**つまり，A から見ると B は v_0 の等速で上がっていくように見えるのです。

同じように，B を角度 θ 方向に初速 v_0 で投げ出す場合にも，自由落下する A から見ると，θ 方向に v_0 での等速直線運動となるんです。計算しなくてもこれだけの事が分かってしまう。それが相対速度・相対加速度のスゴサですね。

ところで，夏の夜空を彩る花火。パァーッと円を描いて広がるでしょ。1つ1つの火種は放物運動をしているんです。でも，全体として見ると円になっている。考えてみると，不思議でしょ。……花火が爆発したとき，A のように自由落下する人 A を考えてみると，A からはすべての方向に等速で広がり，完全な円になります。A が写真を撮れば円形に写る——ということは地上の我々が見る形も完全な円なのです。花火が消えるまでよーく見続けてください。まあ，実際には空気抵抗の影響で形はくずれていきますけどね。

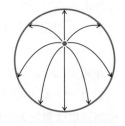

■ 飛行機の中での撃ち合い…どっちが有利？

弾丸と同じ速さ v で飛んでいるジェット機があるとします。

> **「機内で前方の警官と後方の悪漢がピストルで撃ち合ったとすると，どっちが勝つ？」**

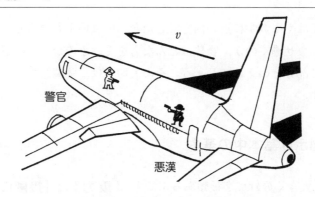

警官

v

悪漢

地上の人が見たとして判断してほしいんだ。……もちろん，2つの弾丸が衝突して2人ともセーフ，なんてマンガチックな話はないとしてだよ。……

悪漢が撃った弾丸は，速度の合成で $v+v=2v$ だから，2倍の速さで飛んでいく。一方，警官の方はというと，$v+(-v)=0$ か。こりゃ，ダメだ。悪漢の勝ち！……とするのは早合点のコンコンチキ。

確かに警官の方は撃たれますが，$2v$ の速さの弾丸をくらうわけではない。悪漢が発砲した後も，警官は v の速さで逃げているからね（飛行機に乗って）。相対速度 v で弾丸に追いつかれて撃たれることになります。

ところが悪漢も撃たれることになるんだ。それは，警官の撃った速度0で止まっている弾丸に，自分から v の速さでつっ込んでいくから。警官は弾丸を静止させて置いただけ。悪漢が勝手に当たって行った——というふうに，地上からは見えるんですね。法律的には殺人か自殺か，面白いかもしれませんね（笑）。

もちろん，機内で見ていれば単なるふつうの撃ち合いです。2つの弾丸が速さ v で飛び交うわけです。

第3回 力のつり合い

核心は力の図示にある

　前回まではやや数学に近い内容でしたが、いよいよ力学らしくなってきます。力はなぜ働くのか、物体はどんな力を受けるのか、その認識こそ力学の根底(こんてい)の部分といえるでしょう。その大切さは、強調しても、し切れないほどです。

■ 力の図示は基本中の基本

　力はね、大きく分けて2種類あるんです。「**重力**(じゅうりょく)」と「**接触による力**(せっしょく)」。
　まず、重力。重力は物体が地球から受ける力です。地球に引っ張られる。これは**万有引力**(ばんゆう)とよばれる力で、接触がなくても伝わる力です。万有引力のくわしい話は後(第11回)にしますが、重力は物体の質量 m〔kg〕と重力加速度 g〔m/s²〕を用いて mg〔N〕と表されます。

　ある大学生に、「空気がなくなったら、物体は浮くんでしょ」と言われたときはア然としたね。真空(しんくう)にしたって重力は働きますよ。それどころか、空気抵抗のない理想的な状態になって、鳥の羽(はね)と鉄の球がまったく同じように落下していくんですよ。間が真空でも伝わる力。そんな力、他にもあるでしょ。……そう、電気の力(静電気力(せいでんきりょく))とか、磁石の力(磁気力(じきりょく))ですね。力学の範囲では重力だけ考えてればいいですけど。

　一方、ふつうは物が接触しないと力は働かないですね。人を押そうとすると、手が相手に触れて初めて力を加えられるわけです。接触による力には面からの**垂直抗力**(すいちょくこうりょく)とか、糸の**張力**(ちょうりょく)などがあります(次ページ図1)。
　接触による力は、変形させられた物体が元の形に戻ろうとして出す力です。垂直抗力は床面が少しへこんだため押し返そうとする力だし、張力は

少し伸びた糸が縮もうとして引く力です。そんなこと意識したことないって？　でも「**力には原因がある**」ということをつかんでくれたら，力学の世界に日が差してきますよ。

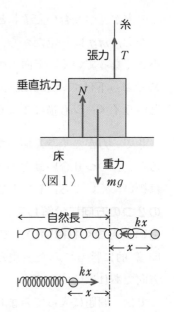

〈図1〉

変形がはっきり見えるケースが，ばねの力（**弾性力**）Fです。自然の長さからの伸び・縮みをxとして，$F=kx$ と表されます。kはばね定数で，力の向きは自然長へ戻ろうとする向きです。伸びているばねは縮もうとし，縮んでいるばねは伸びようとして力をだします。

力の図示は，注目する物体を決めて，それ

が受けている力——まわりの物体から受けている力です——を矢印で描いていくのです。まず，重力を鉛直下向きに描く。作用点（矢印の根元）は物体の中心，正確には重心とよばれる位置です。次に，まわりの物体との接触を確かめ，接触による力を描くのです。忘れた力がないか，注目物体の表面をグルッと眺めわたすとよいでしょう。ま，あとは問題を解くつど注意していくことにしましょう。

■ 力のつり合いの扱い方

静止している物体に働く力はつり合っています。上の図1で物体が静止しているとすると，上向きの力 $N+T$ と下向きの力 mg が等しくバランスがとれているのだから，$N+T=mg$ ですね。これを，上向きを正として $N+T+(-mg)=0$ と書く教科書が多いんですが，なんともかんとも分かった気がしませんね。プラス・マイナスの符号を考えるのが煩わしいしね。

$$（上向きの力）＝（下向きの力）$$

この方が「つり合いだ！」という気になるでしょ。

　なお，mgは一定だから，張力Tを大きくしていくと，垂直抗力Nは小さくなっていく。床面のへこみが小さくなるんだな，$T=mg$になると，糸でぶら下げている状況だから，$N=0$でへこみがなくなるんだな——というイメージも描けるようにね。

　さて，力がたくさんあって，いろいろな向きを向いている場合はどうするか。力のつり合いは力のベクトル和が0なんですが，ベクトルのままでは扱いにくいから，**1つ1つの力を上下と左右の2つの方向に分解して，各方向で力のつり合い式をつくればいいんです。**上下・左右は印象的に言ってみた表現だよ。直角をなす2方向であればいいんです。

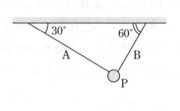

力のつり合い
　　{ 上下のつり合い
　　　左右のつり合い

　では，問題に入ってみましょう。

問題 4　力のつり合い (1)

　質量m〔kg〕のおもりPが2本の糸A，Bで天井からつるされている。天井は水平で，糸がなす角は30°と60°である。重力加速度をg〔m/s²〕として，糸Aの張力T_1と糸Bの張力T_2を求めよ。

　力の図示をきちっとやっていきます。順次，力を入れていってみましょう。

　まずは重力mg〔N〕。**矢印の横には力の大きさを書いておこう。**それから接触を確かめます。もちろん，2本の糸。**糸は引っ張ることしかできない**から，張力の向きははっきりしてるね。

　次に，2つの張力を水平方向と鉛直方向に分解

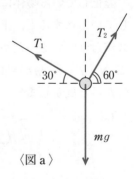

〈図 a 〉

します。すると，図bの点線矢印のようにな
ります。まず，水平方向のつり合いより，

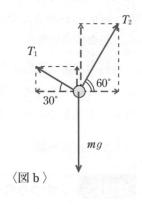

$$T_1 \cos 30° = T_2 \cos 60° \quad \cdots ①$$

$$\therefore \quad \sqrt{3}\,T_1 = T_2 \qquad \cdots ②$$

続いて，鉛直方向に目を向けてみると，上
向きの点線矢印2つの和が下向きの mg に等
しいと分かるので，

$$T_1 \sin 30° + T_2 \sin 60° = mg \quad \cdots ③$$

$$\therefore \quad \frac{1}{2}T_1 + \frac{\sqrt{3}}{2}T_2 = mg$$

〈図b〉

ここで②を用いると， $\dfrac{1}{2}T_1 + \dfrac{\sqrt{3}}{2} \cdot \sqrt{3}\,T_1 = mg$

$$\therefore \quad T_1 = \frac{1}{2}\boldsymbol{m}\boldsymbol{g}\,(\mathrm{N})$$

そして，②から， $T_2 = \sqrt{3}\,T_1 = \dfrac{\sqrt{3}}{2}\boldsymbol{m}\boldsymbol{g}\,(\mathrm{N})$

要点は①と③の2つのつり合い式ですね。それらが連立方程式となって
解けているんですが，図bこそ解法の要と言っていいでしょう。

ベクトルの考え方で解くこともできます。
　力のように，大きさの他に向きをもつ量をベク
トルとよんでいますが，簡単に言えば「矢印で表
される量」ですね。速度も加速度もそうでした。
このベクトルとしての見方も大切なので，いまの
ケースで利用してみましょう。
　力がつり合っているとき，すべての力のベクト
ルの和は $\vec{0}$（零ベクトル）になる，つまり，なくなっ
てしまうのです。まず，ベクトル $\vec{T_1}$ と $\vec{T_2}$ の和（合
力）は，図cのように平行四辺形を描くことにより，
黒矢印 $\vec{F}$ になります。いまの場合は $\vec{T_1}$ と $\vec{T_2}$ が
$90°$ をなすので長方形の対角線です。すると，合
力 $\vec{F}$ と重力のつり合い。2つの力のつり合いでは

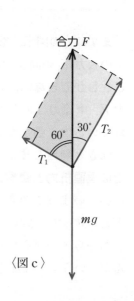

〈図c〉

力の大きさが等しく，向きが正反対なので，合力は鉛直上向きで，$F = mg$ と分かるんですね。

赤色の直角三角形から　$T_1 = F \cos 60° = mg \cos 60° = \dfrac{1}{2} mg$

灰色の直角三角形から　$T_2 = F \cos 30° = \dfrac{\sqrt{3}}{2} mg$　と読み取れます。

こんな解法もありますが，2つの張力が直角をなしていたお陰ですね。やはり，上述したオーソドックスな分解法をマスターしてください。

さて，次は摩擦力（まさつりょく）が登場してきます。

問題 5　力のつり合い (2)

水平面上に置かれた質量 m の物体に糸をつけ，図のように 30° の方向から引っ張る。はじめ，張力が T_1 のとき物体は動かなかった。このときの摩擦力 F を求めよ。また，張力を大きくしていくと，やがて T_2 を超えたとき滑り出した。T_2 を求めよ。静止摩擦係数を μ，重力加速度を g とする。

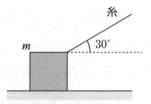

まずは力の図示。重力 mg を描いたら，接触を確かめます。糸と床だね。糸の張力 T_1 の向きははっきりしてます。床からは垂直抗力 N。**面は押すことしかできないから上向きに。**そして，忘れてならないのが静止摩擦（せいしまさつ）力 F。摩擦力は動きを妨げる向き。T_1 の水平成分（点線矢印）で右に引かれているのに動かないのだから摩擦力 F は左向きと判断します。**面に接触しているときは垂直抗力と摩擦力の2つを考えてください。**いまはこの4つの力で力のつり合いが成り立っています。

おやっ？　何をゴチャゴチャ言っているんだというような顔をしている人がいるね。

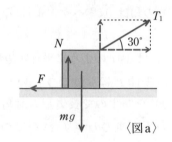

〈図a〉

簡単な例ですが，1つ1つの力に認識をもってほしいのです。複雑な状況になっても考え方は同じなんです。

さあそれで，T_1 が斜めに向いているから水平と鉛直方向に分解しておきます（点線矢印）。力の分解ですね。水平は $T_1 \cos 30°$，鉛直は $T_1 \sin 30°$
そこで水平方向のつり合いは，

$$F = T_1 \cos 30° \qquad \therefore \quad F = \frac{\sqrt{3}}{2} T_1$$

静止摩擦係数 μ（ミュー）**が与えられているけど，それを使ってはいけませんよ。μ は物体が動き出すギリギリの状況のときしか使えないのです。張力を大きくしていくと，静止摩擦力も追随（ついずい）して大きくなっていきます。でも，摩擦力には大きくなれる限界がある。それが最大摩擦力 F_{max}** で，$F_{max} = \mu N$ です。

張力 T_2 のときがまさに動こうとするときで，図bです。力の働き方は図aと同じですが，摩擦力は最大摩擦力 μN になっています。やっと μ が登場できるわけ。

水平方向のつり合いから，

$$\mu N = T_2 \cos 30° \quad \cdots ①$$

このとき $N = mg$ ではないことに注意！

鉛直方向をよーく見てみよう。上向きには N のほかに $T_2 \sin 30°$（点線矢印）があるでしょ。そこで，

$$N + T_2 \sin 30° = mg \quad \cdots ②$$

①，②は連立方程式となっていて，いまの場合は張力 T_2 を出したいから N を消去していけばいいね。

②より $\quad N = mg - \dfrac{1}{2} T_2$

①に代入すると $\quad \mu \left(mg - \dfrac{1}{2} T_2 \right) = \dfrac{\sqrt{3}}{2} T_2$

$$\therefore \quad \mu mg = \frac{\sqrt{3} + \mu}{2} T_2 \qquad \therefore \quad T_2 = \frac{2\mu}{\sqrt{3} + \mu} mg$$

$F_{max} = \mu N$
は
ギリギリ状況で

〈図b〉

ばねの弾性力にも慣れておき
ましょう。ばね定数 k のばねに
結ばれ，粗い水平面上に置かれ
た質量 m の物体P。ばねが自然

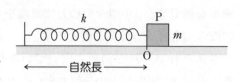

長のとき静止しているのは当然ですが，P を少し右あるいは左へずらして
も静止します。では，

「ずらせる限度の距離 d を求めてください。静止摩擦係数を μ，重力
加速度を g とします」

垂直抗力 N は，鉛直つり合
いから $N = mg$ だから，最大
摩擦力は $\mu N = \mu mg$ ですね。
ぎりぎり静止できる状況を考え
て(図 a)，$kd = \mu N$
よって，$d = \dfrac{\mu mg}{k}$ です。

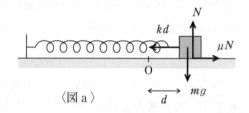

〈図 a〉

ばねが縮んでいる場合でも
(図 b)，同じ距離です。もちろん，
伸び(縮み)が x なら($x < d$)，
静止摩擦力 F は弾性力に等し

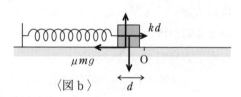

〈図 b〉

く，$F = kx$ です。このように，**静止摩擦力は向き，大きさともに与えら
れた状況に応じて変わることに注意してください。**

「もしも，物体 P を指で下へ押しつけると，静止できる範囲は広がる，
狭まる，それとも同じ？……」

鉛直つり合いから N が増すのでμN が増し，範囲は広がります。「万
力」の原理ですが，万力という工具を見たことがない人も多いでしょうね。
束にした紙をはさむクリップなら分かるでしょ。

摩擦力がちゃんと分ったかどうか，レベルを上げた次の問題でチェックしてみます。

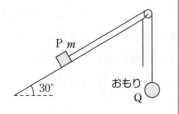

問題 6 力のつり合い (3)

傾角 30°の粗（あら）い斜面上に質量 m の物体 P を置き，軽い糸でおもり Q と結んで，なめらかな滑車をへて Q をつるす。Q の質量 M は自由に変えられるものとし，P と斜面の間の静止摩擦係数 μ を $\mu = \dfrac{1}{2\sqrt{3}}$，重力加速度を g とする。

(1) $M = M_0$ のとき，P が斜面から受ける摩擦力は 0 となった。M_0 を求めよ。

(2) P を静止させるために必要な M の最小値 M_1 を求めよ。

(3) P を静止させるために必要な M の最大値 M_2 を求めよ。

(1) P と Q について力の図示をします。**斜面の問題では，力を斜面方向と斜面に垂直な方向とに分解するのがセオリー**です。そこで重力を分解して点線のようにします。30°でなくても斜面の角度が赤の角度として現れることは覚えておきたいですね。でも，一度は導いてみてからですよ。

さて，**一本の糸の張力は両端ともに（実は糸のどこでも）等しい**ので T_0 とおきました。

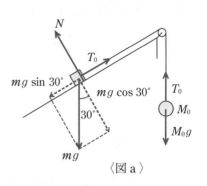

〈図 a 〉

まず，Q のつり合いから，$T_0 = M_0 g$

そして，P の斜面方向でのつり合いから，　$mg \sin 30° = T_0$

以上の 2 つの式から，　$M_0 = \dfrac{1}{2} m$

「粗い」斜面とは摩擦がある斜面のことですが，このように静止摩擦力が0になるケースもあるのです。ついでながら，「滑らかな」斜面と言えば，摩擦がない（無視できると言った方が正確ですが）ということです。(1)のケースは滑らかな斜面の問題と同じですね。

(2) 実は，Qがないと，Pは斜面を滑り下りてしまうのです。それは最大摩擦力 μN より $mg\sin 30°$ の方が大きいからです。実際，確かめてみましょう。斜面に垂直な方向でのつり合いから，

$$N = mg\cos 30°$$

$$\therefore \quad \mu N = \frac{1}{2\sqrt{3}}\cdot\frac{\sqrt{3}}{2}mg = \frac{1}{4}mg$$

これでは $mg\sin 30°\left(=\frac{1}{2}mg\right)$ に対抗できませんね。このことに気がつくと，M_1 のときとは，図bのように張力 T_1 の応援を借りて何とかPを止めているケース——と見えてきます。斜面方向のつり合いより，

$$mg\sin 30° = \mu N + T_1$$

一方，Qのつり合いより，$T_1 = M_1 g$

そこで上式は，$\quad\dfrac{1}{2}mg = \dfrac{1}{4}mg + M_1 g \quad \therefore \quad M_1 = \dfrac{1}{4}m$

〈図b〉

M を M_1 より増やせば，張力が増し，静止摩擦力は μN ではなく，もっと小さな値になっていきます。そして，前問のように $M_0\left(=\frac{1}{2}m\right)$ にしたとき，静止摩擦は0になるという話につながるのです。

では，「M_0 よりさらに増やすと？」……張力が $mg\sin 30°$ を上回ってくるので，静止摩擦力は斜面にそって下向きに変身するんですね。しかも M を増すと次第に大きくなっていく……。どうやら次の(3)の解き方が見えてきたのでは？

(3) Pが上へ引上げられようとするギリギリ状況が図 c です。最大摩擦力 μN で耐えているところです。一気につり合い式をつなげば，

$$mg \sin 30° + \mu N = T_2 = M_2 g$$

$$\frac{1}{2} mg + \frac{1}{4} mg = M_2 g \qquad \therefore M_2 = \frac{3}{4} m$$

慣れてきたら，図 c のように必要な力だけの図示でよいでしょう。

M_2 からさらに M を増やすと……Pはズルッと滑って動摩擦力の世界に入ります。タンスのような重い物を動かすとき，動き出すまでは大きな力が必要だけど，いったん滑り出すと，ズ

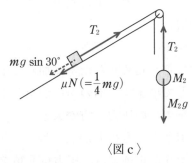

〈図 c 〉

ズッーとわりと楽に動かせるでしょ。**動摩擦力は最大摩擦力より小さいから**なんですね。動摩擦力 F は，動かす速さによらず，$F = \mu' N$ と表されます。μ' は**動摩擦係数**とよばれ，一般に静止摩擦係数 μ より小さいんですね（$\mu' < \mu$）。

■「アルキメデスの原理」に感動

重力，張力，垂直抗力，摩擦力，弾性力といろいろな力を扱ってきましたが，最後はちょっと風変わりな力，浮力の話です。本当はもっと物理に慣れてから出会ってほしい力ですが，身近な力で中学でも習ったことだし，頑張ってここで学んでみましょう。

予備知識が必要なので確認。まず圧力。面積 S〔m^2〕の面に全体として F〔N〕の力がかかっているとき，$P = \dfrac{F}{S}$ で表される量を圧力といいます。単位は〔N/m^2〕ですが，〔Pa〕と書きます。力とはちょっと違うので注意。次に密度。物体の質量 m〔kg〕を物体の体積 V〔m^3〕で割った値をいい，密度 $\rho = \dfrac{m}{V}$〔kg/m^3〕ですね。

さて，質問です。

「浮力はなぜ生じるのですか？」

プールなどで体感している浮力，でもその原因は……。

実は，**浮力は圧力差で生じる**のです。水の圧力，水圧は深さとともに増えていきます。10 m潜ると約1気圧ずつ増えていくのです。

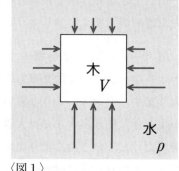
〈図1〉

図1を見てください。矢印は，水の中に押し込められた木に加わる圧力を示しています。上の面にかかる圧力より下の面の圧力の方が大きいから，差し引き上向きの力が生じる，それが浮力です。正確には，圧力に面積を掛けたものが力ですが，同じことです。

浮力 F は，液体の密度を ρ，物体の液面下の体積を V として，$F = \rho V g$ と表されます。g は重力加速度です。なぜそうなるかを考えてみましょう。

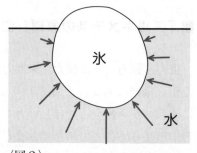
〈図2〉

図2は水に浮かんだ氷を表しています。氷には水の圧力が図のようにかかっています。これから浮力を求めようなんて，とても無理な話に思えます。直接求めようとすると，神様でも嫌がりそうな複雑な計算が必要です。**アルキメデスの考え方**を聞いてみましょう。

「いいかな，お若いの。まず，氷を取り去ったとしよう。もちろん水はそのままの形でいられるわけはないけれど，氷の抜けた穴ぼこに新たに水——赤で示すぞ——を注いでやればじゃな，**全体は1つの水**であり，表面は水平面だから安定になるであろう（次ページ図3）。赤い水には図2と

同じ圧力，つまり同じ浮力がかかっている。赤い水の力のつり合いからして，これは赤い水の重力 mg に等しいはずじゃ。そして赤い水の質量 m は $m = \rho V$　よって，$F = \rho V g$　なのじゃ！」

　氷を取り除くと同時に水の形が変わってしまうよ，なんて揚げ足取りをしてはいけません。これは考え方の工夫，思考実験なのです。赤い水と元の水が混じってしまわないかとか，水同士で力が働くのかとか気になる人は，境目に薄いプラスチックの膜があると思うといいでしょう。**まわりの液体と同じ液体で埋める，それがミソ**ですね。なお，液体でなくて気体でも浮力は同様に生じます。

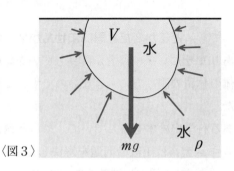

〈図3〉

　それにしてもうまい方法だと思いませんか。**浮力を直接調べる代わりに，赤い水の重力という逆方向の力で調べてしまう。しかも，氷の形は任意なのです。**アルキメデスの原理とよばれています。小さな理論ですが，宝石のように光り輝いていて，物理とは何なのかを端的に物語ってくれています。ウマイ！　ナルホド！　という感動が物理のセンスを磨いてくれるのです。

　少し横道にそれますが，アルキメデスが浮力を考える契機になったことを振り返ってみましょう。それは，王様が細工師に金を与えて王冠を作らせたとき，はたして金がすべて使われたかどうか不安になったのが原因でした。重さはいいのですが，**混ぜ物がしてないかということです。あなただったらどうやって調べますか？**　もちろん王冠を傷つけてはいけませ

ん。

....

　密度を調べることですね。金の密度は金属の中でも最大なのです。重さ
（正確には質量ですね）は分かっているから，あとは体積が分かればいい。
しかし，球や直方体ならともかく，王冠の体積はどうして測ればいいので
しょうか？　それがアルキメデスの悩みでした。そして，お湯をいっぱい
に張った風呂に入ったとき，あふれる湯を見てハッと気がついたのです。
桶に水を張って，王冠を入れ，あふれる水の体積を測ればいいことを。そ
のときアルキメデスは「エウレカ！」と叫んだそうです。「分かった！」
という意味です。

　有名な話です。でも，**どこか変だと思いませんか？**　いや，方法に欠陥
があるわけではありません。……浮力が関係していないのです！　風呂の
話は不定形の物体の体積の測り方に過ぎないのです。これは私にとって長
い間の疑問でした。
　何年か前に，ある科学史の本を読んでいて，やっと納得のいく説明に出
合いました。アルキメデスは王冠の問題を解決した後（ちなみに王冠には
混ぜ物がしてありました），浮力に興味を抱いて調べるようになったとい
うことです。たしかに，あふれた水は液面下の体積 V に当たりますし，V
の穴ぼこを埋める水でもあるのですから，浮力の話に発展していったのも
もっともです。

　さて，次回の「剛体のつり合い」は**物理基礎**の範囲を超える内容ですの
で，習っていない人は第5回「運動の法則」に入ってください。

第4回 剛体のつり合い
力のモーメントが活躍

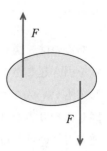

　力がつり合えば物体は静止できるのかというと，それだけでは不十分なんです。たとえば右の図のように，2つの力は同じ大きさで逆向き，つまりつり合っていても，実際には時計回りに回転してしまうでしょ。物体が完全に静止するためには？……が今回のテーマです。

■ 力のモーメントについて

　回転を起こす能力は，力の大きさだけでなく，回転軸からの距離 l が関係し，力のモーメントという量で表せます。

$$（力のモーメント M）=（力 F）×（うでの長さ l）$$

ですね。（図 a ）

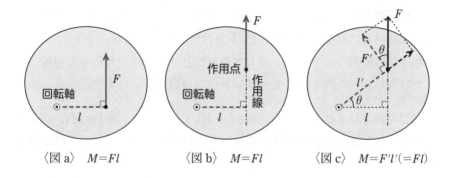

〈図 a〉　$M=Fl$　　　　〈図 b〉　$M=Fl$　　　　〈図 c〉　$M=F'l'(=Fl)$

ドアのノブは，回転軸から遠く離した位置に付けてあるでしょ。もし近い位置に付けたら，開け閉めに大変な力が必要ですよ。まあ，何より実際にドアを動かしてみることですね。

モーメントの測り方について少し補足しておこう。力の効果はその作用線上で移動させても同じなんですね。だから，図 b のモーメントも Fl で図 a と同じです。うでの長さ l は，回転軸から力の作用線までの距離のことです。

あるいは，図 c のように力を分解して考えてもいい。黒の点線矢印は回転を引き起こさないので，赤の点線の分 F' とダイレクトの距離 l' の積としてもいいんです。$F'=F\cos\theta$，$l'=\dfrac{l}{\cos\theta}$ だから，$F'l'=Fl$ でしょ。図 b のやり方をメインとして，図 c をサブとして用いるとよいでしょう。逆でもいいけどね。

■ 剛体がつり合う条件

剛体というのは大きさをもつ，変形しない堅い物体のことです。どんな物体だって大きさがあるって？　そりゃそうだね。「大きさをもつ」というのは回転まで考慮しようということです。「堅い」と言ったって，モチや綿じゃだめだよという程度のことなんだ。

剛体が静止するためには，力がつり合うだけでなく，回転を起こさないことも必要です。次ページの図 1 のようなシーソーの場合なら，重力 mg は反時計回りに回転させようとし，Mg は時計回りに回転させようとする。でも，2 つの力のモーメントの大きさが等しければ，どちらへも回転しないでいられる。これを**力のモーメントのつり合い**といいます。

うでの長さは l と L だから，$mgl=MgL$　つまり，$ml=ML$ がシーソーが回転しないための条件ですね。大人は回転軸の近くに，子供は遠く離れて座るという体験に合ってるでしょ。

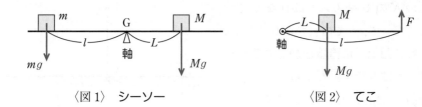

〈図1〉 シーソー 〈図2〉 てこ

　反時計回りのモーメントをプラスで表し，時計回りのモーメントをマイナスで表して，「全モーメント＝0」とおけ，というのが教科書に書いてある方法です。いまの場合なら，$mgl+(-MgL)=0$ ですか。でも，力のつり合いのときと同じで，プラスやマイナスを考えるのが面倒だし，何か機械的で分かった気にならないでしょ。

（反時計回りのモーメントの和）＝（時計回りのモーメントの和）

こうした方がすっきりするし，計算上も速いんですよ。

　．．てこの原理もモーメントのつり合いの問題といえます。図2のように，長さ l の軽い棒でおもりの重力 Mg を支えるには，手の力 F は $Fl=MgL$ となればいい。$l>L$ だから F は Mg より小さくてすむ。アルキメデスは「大きなてこがあったら地球だって動かしてみせる」と豪語したものです。

　結局，剛体が静止するためには（これを剛体のつり合いといいますが），「力のつり合い」と「力のモーメントのつり合い」の2つが必要なんですね。

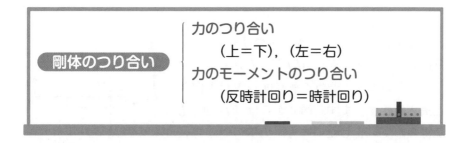

剛体のつり合い　　力のつり合い
　　　　　　　　　（上＝下），（左＝右）
　　　　　　　　力のモーメントのつり合い
　　　　　　　　　（反時計回り＝時計回り）

　モーメントのつり合いには，すべての力が参加します。シーソーの場合（図1）も，次の図aのように軸から垂直抗力 N がかかっているんですが，

この N のモーメントは0なんです
ね。だって，うでの長さが0でしょ。
**一般に回転軸に直接かかる力のモー
メントは0です**。だから，

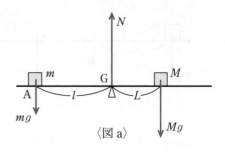

〈図a〉

$mgl = MgL$ の式には影響なし――
というわけで，はじめから無視して
いたんだ。ただ，N が知りたければ，
上下のつり合いから $N = mg + Mg$ と求められます（シーソーは軽いもの
とします）。

さて，シーソーやてこでは回転軸がはっきりしてたけど，一般には**物体
の適当な所を回転軸とみなして，モーメントのつり合いを考えればいいん
です**。すると，どの位置を回転軸としてもモーメントのつり合いが成り立
つことが証明されています。

実際，シーソーの図aで点Aを（回転）軸とみなすと，これを'Aのまわ
りの'モーメントのつり合いと表現しますが，mg のモーメントは0となっ
て，$Nl = Mg(l+L)$ と書けます。この式がちゃんと成り立っていること
は，上で調べた $N = mg + Mg$ を代入してみれば分かります。元の式
$mgl = MgL$ に戻るでしょ。では，別の例で少し練習してみようか。

**「図2のてこの場合，てこは軸から力を受けています。その力の向き
は？ また，力の大きさを M，L，l，g で表してみてください」**

方法は2つあるんですが，気づけるかな。……
前に話したように $F < Mg$ だったから，上下
のつり合いより，求める垂直抗力 N は上向き
と決まります。まず，図2からは $Fl = MgL$
が得られていました。一方，上下のつり合い
より $N + F = Mg$ この2つの式から F を消
去して N を求めてみると，$N = Mg(1 - L/l)$

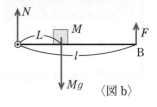

〈図b〉

ダイレクトに N を求める方法もあります。てこの右端Bを軸とみなす

と，モーメントのつり合いから N は上向きと分かり，

$$Mg(l-L)=Nl \qquad \text{ほら，}N\text{ は同じになってるでしょ。このように軸の}$$

位置を取り替えるといい場合もあるんですが，**1つの軸のまわりのモーメントのつり合いと，上・下，左・右 の力のつり合いの3つの式で解ける**という基本戦略をしっかり踏まえてからにしてください。

問題 7 **剛体のつり合い (1)**

長さ l，質量 m の一様で細い剛体棒 AB を糸とばね定数 k のばねでつるす。糸は鉛直方向と 30° をなし，ばねは水平になった。重力加速度を g とする。

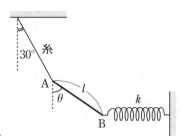

(1) 糸の張力 T を求め，m，g で表せ。

(2) ばねの自然長からの伸び x を求め，m，g，k で表せ。

(3) 棒が鉛直方向となす角を θ とする。$\tan\theta$ の値はいくらか。数値で答えよ。

剛体の問題を解く基本方針としては，**まず，力のつり合いで解けるところまで進み，次にモーメントのつり合いを考えてみる**ということです。

なお，断りがなくても，糸とばねは軽い（質量が無視できる）ものと思ってください。今後もそうです。

(1) 棒に注目して，力を図示すると，右のようになります。G は重心で，AB の中点です。張力 T を分解してみたのが点線の矢印。上下のつり合いから，

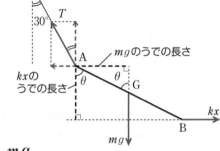

$$T\cos 30° = mg \qquad \therefore \quad T = \frac{2}{\sqrt{3}}\,mg$$

$T = \dfrac{2\sqrt{3}}{3} mg$ のように有理化をする必要はありません。ただ，$\sqrt{3}$ を 1.732 などと置き換えてはいけません。文字式は厳密な表現のままにします。

(2) こんどは，左右のつり合いに目を向けて，

$$kx = T \sin 30° \qquad \therefore \quad x = \frac{T}{2k} = \frac{mg}{\sqrt{3}k}$$

(3) いよいよモーメントのつり合いです。A を回転軸にとってみよう。すると T のモーメントはなく，黒点線が mg のうでの長さに，赤点線が kx のうでの長さになる。そこで，A のまわりのモーメントのつり合いは，AB $= l$，AG $= l/2$ を考えて，

$$kx \cdot l \cos \theta = mg \cdot \frac{l}{2} \sin \theta \qquad \therefore \quad \tan \theta = \frac{2kx}{mg} = \frac{2}{\sqrt{3}}$$

次は少しレベルアップしてみます。「少し」でなく「かなり」かも。

問題 8 **剛体のつり合い (2)**

質量 m の直方体 P が水平な床上に置かれている。2 辺の長さは a, b で，辺 D（紙面に垂直）の中点に水平右向きの力 f を加える。重力加速度を g とする。

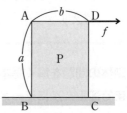

(1) $f = \dfrac{1}{4} mg$ のとき P は静止していた。床からの垂直抗力の作用点はどこか。辺 C からの距離 x で求めよ。

(2) f を大きくしていくと P は転倒しようとした。そのときの f の値 f_1 を求めよ。

(3) P と床との間の静止摩擦係数 μ はいくら以上か。

---

(1) まず **何といっても力の図示**ですね。垂直抗力を N，静止摩擦力を F として……，次ページの図 1 のようになるね。さて，鉛直方向の力のつり合いは $N = mg$ で，水平方向は $F = f$ ですね。いよいよ力のモーメントの

つり合いに入ろう。

Cを（回転）軸とすると，反時計回りには重力mgが，時計回りにはfとNがモーメントをつくるから，

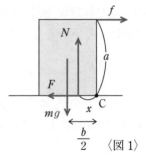

$$mg \cdot \frac{b}{2} = fa + Nx$$

〈図1〉

モーメントではfとNは仲間ですよ。fは右向きで，Nは上向きだから関係ないとみるのは力のつり合いでのことです。なお，Fはうでの長さがないからモーメントは0だからね。$f = \frac{1}{4}mg$ と $N = mg$ を代入して，

$$\frac{1}{2}mgb = \frac{1}{4}mga + mgx \qquad \therefore \quad x = \frac{2b-a}{4}$$

ついでのことに，NとFの作用点は一致していることに注意してほしい。NとFの合力を抗力といいますが，**実は床から受ける力はもともと抗力なんですね。それを垂直抗力Nと摩擦力Fに分解して理解している**んです。NとFは兄弟みたいな力だから，最大摩擦力F_{max} が $F_{max} = \mu N$ と表されて，Nと関連しているのも何となくうなずけるでしょう。

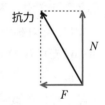

(2) 転倒のまぎわの状況は，極端に描くと図2のように，床との接触は事実上Cだけになるでしょ。つまり，NとFの作用点はCにきているということ。**転倒問題はこれがキーポイント**なんだ。ちゃんと力を図示してみると，見た目にはBは浮いていないから図3のようになっているね。CのまわりのNとFのモーメントは0だから，モーメントのつり合いは，

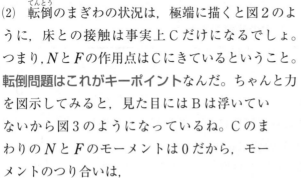

〈図2〉

$$mg \cdot \frac{b}{2} = f_1 a \qquad \therefore \quad f_1 = \frac{b}{2a}mg$$

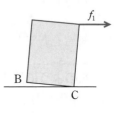

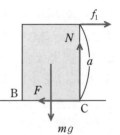

〈図3〉

(3)　これは(2)の続きの話です。上下のつり合いより $N=mg$　左右のつり合いより $F=f_1$ ですが，$F=F_{max}$ 以下でなければいけない。そこで，

$$F \leqq F_{max} = \mu N \quad \therefore \quad \mu \geqq \frac{F}{N} = \frac{f_1}{mg} = \frac{b}{2a}$$

もし，$\mu < \dfrac{b}{2a}$ とすると，転倒する前に右へ滑ってしまうことになりますね。なかなかレベルの高い問題でした。できた人は自信をもっていいでしょう。

■ 重心について

　重力の作用点が重心（じゅうしん）です。重心の位置，正確には重心の真下（ました）の位置なら，指一本で物体を支（ささ）えることができます。対称形状の物体なら対称中心が重心となります。さっきの問題でもそれを利用していました。

　では，非対称の場合はどうか。シーソーの図(p.43)を見直してください。重心は支点 G の位置ですね。G は $ml=ML$ を満たす位置です。$l:L = M:m$ としてみると分かりやすいかな。2 つの質点の重心の位置は，質点を結ぶ線分を質量の逆比で内分する点になっています。これは知っておくといいでしょう。

少し練習をしておこう。

> 「右のように長さ l の 3 本の同質の棒が
> 逆 T 字形になっている。重心の位置は？」

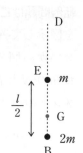

　まず，棒 ABC の重心は B 点ですね。次に，棒 BD の重心は中点 E。これで 2 質点の問題になりました。質量の比は 2：1。図では棒 1 本分の質量を m としています。あとは BE 間 $\dfrac{1}{2}l$ を 1：2 に内分すればいいので（B に近い側になることも意識しながら），全体の重心 G は BD 上で，B から $\dfrac{1}{6}l$ の距離の所と決まります。

さて，「A点に糸をつけてつるすとどうなりますか？」……答えは次ページにあります。

ある回転軸のまわりの重力のモーメントは，重心に全質量 M が集まっているとして，$Mg \times$（うでの長さ）とすればよいことも知っておいてください。

重心の大切さはつり合いに限らないことです。たとえば，前ページのT字形物体を放り投げるとクルクル回りながらも重心Gは放物運動をします。猫を放り投げても同じことで，手足やシッポをバタバタさせていても，重心は放物線を描いているのです。高校の範囲を超えるので，「ヘーエ」と思ってもらえば十分です。

■ 重心を実感する

バットの重心が知りたかったら……計算でやるのは気の遠くなる話だけど，実際は簡単に調べられます。試行錯誤してやってもいいけど，ちょっとイキな方法をとってみよう。

まず，バットを両手の2本の指で支えて，ゆっくりと指を近づけてみる。やってみると交互に片方の指だけが滑って，やがて2本の指が出合ってしまう。そこがバットの重心Gです。簡単な話が指AとBの間にGはあるはずで，AとBを出合わせれば，そこがGというわけ。

なぜ指が交互に動くかは少し難しい。Gのまわりのモーメントのつり合いを考えてみれば，Gから遠いAの方

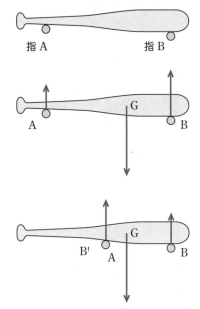

が垂直抗力が小さい。つまり最大摩擦力が小さいから，Aの指が先に滑り出してGに向かう。そしてGをはさんで，Bに対称な位置B′を通り越して止まる。B′の位置なら左右の垂直抗力が同じだけど，Aの方は動摩擦力を受けていて，Bの方は静止摩擦力でしょ。動摩擦力の方が最大摩擦力より小さいことが，B′を超える原因なんですね。Aが止まれば，こんどはBの指が動き出す番になる。

　まあ，理屈なんかどうでもいいですから，まずはやってみてください。バットがなければ，手近にあるサインペンなんかでやってみるといいよ。非対称な物の方が感激が大きいけど，定規でやってみて，ピタッと真ん中で指が出合うのもナカナカのものですよ。はじめの2本の指の位置はどこでもいいからね。

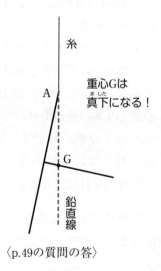

〈p.49の質問の答〉

第 5 回

運動の法則

運動方程式を駆使する

　動いている物体には力が働いているというのが"常識"でしたが，これはガリレオによってくつがえされました。力を受けない物体が等速直線運動をすることもあるのです。たとえば，手から離れたボーリングの球は等速で進むし，何の力も働かない宇宙空間では，ロケットは燃料を使わず等速で直進します。どんな高速でもそのまま維持できる，慣性の法則ですね。

　じゃあ，力の役割はというと，速度を変えること。つまり，加速度を生み出すことだと分かったんです。その関係を正確に述べたのが運動の法則で，運動方程式で表されます。力学を支える大黒柱ですね。すべてはニュートンによって確立されました。

■ 運動方程式は意外と奥が深い

　運動方程式は $m\vec{a} = \vec{F}$　質量 m の物体に力 $\vec{F}$ を加えると，加速度 $\vec{a}$ で動くという関係です。ベクトルの式だから，$\vec{a}$ の向きは $\vec{F}$ の向きに一致しているという主張も込められています。

　皆さんよく知っている式ですが，次の黒板に書いた修飾語が意外と重要なんです。たとえば質量は「注目物体の」とか，加速度は「地面に対する」だとかね。また，右辺には力の合力をもってきます。物体が受けている力です。力は全部右辺にもってくるんですよ。

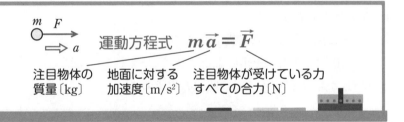

運動方程式　$m\vec{a} = \vec{F}$

注目物体の
質量〔kg〕

地面に対する
加速度〔m/s²〕

注目物体が受けている力
すべての合力〔N〕

力 F が同じでも，質量 m が大きい（重いと言った方がわかりやすいかな）物体ほど a が小さい。つまり，加速しにくい。体験的には「そうだよな」と思えるでしょ。

　放物運動だって運動方程式に従っているんだよ。 $m\vec{a}=\vec{F}$ はベクトルの式だから，x，y 方向の各成分ごとに成り立つ。 $ma_x=F_x$ と $ma_y=F_y$ のようにね。放物運動では重力 mg だけが鉛直下向きに働くから，p.19 の図のように座標軸をセットすると，$ma_x=0$，$ma_y=-mg$ でしょ。つまり，$a_x=0$ で，$a_y=-g$ だね。これで，水平方向は等速で，鉛直方向は下向き g の等加速度で質量に関係なく動くということの裏づけがとれたわけです。

　そうだ，もうひとこと言っておかなくては。直線上の運動の場合，運動に垂直な方向では力のつり合いが成り立ちます。その方向には微動だにしていないからです。**運動方向は運動方程式，垂直な方向は力のつり合い**というわけです。ただし，これは直線運動に限ります。曲線運動ではそうはならないからね。たとえば，放物運動を思い出してくれたら明らかでしょう。

　こういったことがちゃんと認識できているかどうか，それをチェックしているのが以下の問題です。

問題 9　運動方程式 (1)

　傾角 θ の斜面の下端 A から小物体 P を初速 v_0 で滑り上がらせたところ，P は B まで達して A に戻ってきた。P と斜面の間の動摩擦係数を μ，重力加速度を g とする。

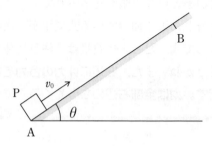

(1) B に達するまでの時間 t_1 を求めよ。

(2) AB 間の距離 x を求めよ。

(3) B から A に戻るまでの時間 t_2 を求めよ。

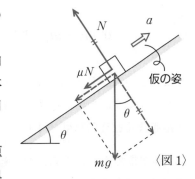

■ スタートはいつも力の図示

(1) まず, 力の図示をしてみると図1のようになるね。垂直抗力を N とすると, 動摩擦力は滑り(さまた)を妨げる向きだから下向きで, 大きさは μN と表されます。剛体のつり合いを扱うとき以外は, 力の作用点は気にせずに描いていいからね。

〈図1〉

重力 mg を斜面方向と垂直な方向に点線矢印のように分解しておきます。これは斜面上の運動を扱うときの定石。垂直方向では力のつり合いが成り立つから,

$$N = mg\cos\theta \quad \cdots ①$$

さて, 斜面方向は運動方程式。運動方向である上向きを正として, 加速度を a とすると,

$$ma = -mg\sin\theta - \mu N \quad \cdots ②$$

運動方程式の右辺は本来は力のベクトル和だから, 直線上の運動では, 力の正・負を考えて用意することになる。それはベクトル和と同じことなんです。ここでは上向きを正としたから, 下向きの $mg\sin\theta$ と μN はいずれもマイナスの力として扱っているんですね。

なお, 図では加速度 a の向きを上向きに描いているけど, これは軽い気持ちなんです。**未知数 a には符号を含ませている**ので, 図はとりあえず正の向きとしているだけ。仮(かり)の姿なんです。「上向きを正とするゾ」という宣言(せんげん)を表しているといってもいい。

①の N を②へ代入して, a を求めてみると,

$$a = -g(\sin\theta + \mu\cos\theta) \quad \cdots ③$$

マイナスは加速度が下向きであることを表していますね。もっとも, 力が2つとも下向きになっているから当然のことだけどね。

それから, a は一定だから等加速度運動だと分かる。でもそれだって本当は①, ②の段階で, どの力も一定だから読めてしまうんです。F が一定

なら $ma=F$ より a も一定だからね。

　Bは折り返し点で，速度が0になるから，等加速度運動の公式❶を用いて，

$$0=v_0+at_1 \quad より \qquad t_1=\frac{v_0}{g(\sin\theta+\mu\cos\theta)}$$

　このように，Pの質量 m は関係なくなるから，問題文には与えられていないんです。でも，**考えを進める上で必要な量は，自分で用意すること。問題を解くときの鉄則**ですね。

(2)　t_1 が求められたから，公式❷を用いてもいいけど，❸の方がずっと簡単に計算できるよ。

$$0^2-v_0{}^2=2ax \quad より \qquad x=-\frac{v_0{}^2}{2a}=\frac{v_0{}^2}{2g(\sin\theta+\mu\cos\theta)}$$

(3)　そそっかしい人は「Uターン型の等加速度運動だから，行きと戻りの時間は等しい。よって，$t_2=t_1$」とすました顔で言いそうだね。力の図示をちゃんとやらなくっちゃ。下へ滑るから，動摩擦力の向きが上向きになるでしょ。**図1とは状況が違うんだ。**

　こんどは下向きを正としよう。このへんは**柔軟に対処**したいね。一度，上向きを正にしたからといって，それを続けなければいけないわけじゃない。降りるときは別の加速度 a' での運動だからね。

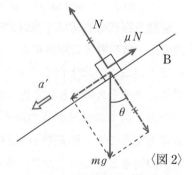

〈図2〉

Bを原点として下向きに座標軸をセットした方がずっと分かりやすいでしょ。運動方程式は，

$$ma'=mg\sin\theta-\mu N \quad \cdots④$$

　右辺は引き算となっているけど，$mg\sin\theta$ はプラスの力，μN はマイナスの力として和をつくったという意識なんですよ。

　①が成り立つのは同じことだから，①，④から，

$$a'=g(\sin\theta-\mu\cos\theta)$$

Bでの初速が0だから，公式❷を用いて，

$$x = \frac{1}{2} a' t_2^2 \quad \text{より} \qquad t_2 = \sqrt{\frac{2x}{a'}} = \frac{v_0}{g\sqrt{\sin^2 \theta - \mu^2 \cos^2 \theta}}$$

少しつけ加えておくと，

> 「こんな運動が起こるためにはある条件が必要なんです。それはどんな条件？」

Bで止まって，そのまま止まり続ける可能性があるのに，また下へ滑り出すんでしょ。そのためには…… そう，$mg \sin \theta$ が最大摩擦力 $F_{max} = \mu_0 N = \mu_0 mg \cos \theta$ より大きいことが必要ですね。μ_0 は静止摩擦係数です。

$$mg \sin \theta > \mu_0 mg \cos \theta \quad \text{より} \qquad \sin \theta > \mu_0 \cos \theta$$

となります。すると，μ は μ_0 より小さいから，t_2 の答えに含まれる平方根の中身(なかみ)は，ちゃんと正の値が保証されるんですね。ちょっと深入りし過ぎたかな。

問題 10 運動方程式 (2)

質量 M の板 B の上に質量 m の物体 A を置き，板に糸をつけ，糸の先端を鉛直上向きに一定の大きさ F の力を加えて運動させる。重力加速度の大きさを g とする。

(1) A の加速度を求めよ。上向きを正とする。

(2) A が B から受ける力の大きさを求めよ。

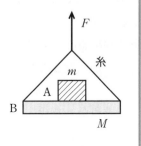

■ 注目物体を決め，力の図示へ

(1) **全体を1つの物体とみなすとスッキリします。**質量は $m + M$ で，働く力は重力と F だけ。本質的には右の図の状況です。形などどうでもいいので，わざと丸にしてみました。

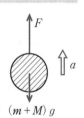

運動方程式は，上向きを正として，

$$(m+M)a = F-(m+M)g \quad \cdots ① \qquad \therefore \quad a = \frac{F}{m+M} - g$$

このようにまとめて見ることを「**一体化**」といいます。糸まで含めて丸ごと一体にしていることに注意してください。もし，ＡとＢだけで一体と見ると，斜めになっている糸の張力を調べないといけなくなるからね。

細かいことかもしれませんが，問題文では運動が上向きとは言っていません。そう思って解いていていいのですが，Fが$(m+M)g$より小さく，下へ動いている場合も含めて$(a < 0)$，上の答えは成りたっているんです。次の(2)もそうですよ。

(2)　求める力はＢから受ける垂直抗力Nですね。AB間で働く力を扱うとなると，いよいよＡとＢを分けて扱わざるをえません。Ａだけに注目してみると，働く力は右の図のようになる。「Fはどこへいったの？」なんて言っていてはいけないよ。Ａに注目するなら，mgとNだけなのです。Fは糸に加えられている力で，ＡはＮを通じてその影響を受けているんです。とにかく，**注目物体の表面を眺めわたし，接触を確かめること**です。

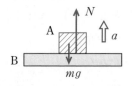

Ａは加速度aで動いているので，運動方程式は，

Ａ：　$ma = N-mg \quad \cdots ②$

(1)で求めたaを代入して，Nを求めていくと，

$$m\left(\frac{F}{m+M} - g\right) = N-mg \qquad \therefore \quad N = \frac{m}{m+M}F$$

■ 第２の注目物体に入ったら… 作用・反作用の登場

問(2)はＢに注目しても解けます。やはり，Ｂと糸とを合わせて一体とみたい（次ページの図の赤い部分）。とにかく，糸の張力など現れてほしくないからね。

さて，力の図示。重力MgとFだけではダメ。いいですか，ここがと

ても大切なのです。BにはAが接触しているで
しょ。接触があるからBはAから力を受けている
はずなのです。しかも、その力は下向きで、大き
さはNと断定できるんだ。そう、作用・反作用の
法則（運動の第3法則）ですね。上の物体Aを押し
上げていた板B。それは同時にAから同じ大きさ
で逆向きの力、反作用を受けるのです。本来、
力は2つの物体間で生じ、作用・反作用の法
則に従うのです。

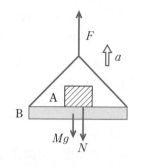

作用・反作用はこんなふうに2物体が接触
するところに注意してください。そこで起こ
る現象だから。最初の物体のときには作用・
反作用は考えなくていいんだけど、2番目の物体に移ると反作用が問題に
なります。

そうそう、BはAからmgを受けていると考えるミスも目立ちます。
重力mgはAが地球から受ける力で、Bが受けているわけではありません。
実際、Nの値はmgとは異なっています。念のため。

■ 運動方程式 $ma = F$ の m とは？

これでやっと準備が整いました。さあ、B（と糸）の運動方程式をつくっ
てみよう。ところが、チョット待った。まず左辺を書く段階で、$Ma = \cdots$
とするのか、$(m+M)a = \cdots$ とするのかで意見が真二つに分かれてしまう
んです。どっちが正しいの？……挙手で確認してみようか。まず、$Ma =$
$\cdots$ と思う人は？ じゃあ、$(m+M)a = \cdots$ と思う人は？ やはり、ほぼ半々
ですね。つまり、半数の人が分かっていない。正しいのは、$Ma = \cdots$ の方
です。

運動方程式 $ma = F$ の m は注目物体の質量だと言ったでしょ。いま注
目しているのはB（と質量のない糸）なんです。上にAが乗っていて重い
からなどという感覚が誤答を招く。Aの影響は下向きの力Nとして現れ

ているのです。いいですか。じゃあ，正しい式をつくってみると，

$$B(と糸)：\quad Ma = F - Mg - N \quad \cdots③$$

この式の a に(1)の結果を代入しても，N は求められるのです。話が長くなってしまったけど，③が立式できるかどうか。運動方程式のエッセンスがいっぱいつまっていて，まさに力量が問われている所です。

もともと，①，②，③の3つの運動方程式は独立なものではないのです。②と③を辺々で加えてみると，N が消え，①になっていることが確かめられるでしょう。つまり，**部分ごとに正しくつくってあれば，全体の運動方程式が再現できる**ということです。はじめから，②と③を立式し，a と N を未知数とする連立方程式を解くのも立派な方法です。というか，その方が正統的な方法でしょう。でも，a だけが知りたいのなら①に限ります。そのあたりは臨機応変に。

■ 次元のチェックを！

少し細かいことになりますが，(2)の答えを $\dfrac{mF}{m+M}$ でなく，$\dfrac{m}{m+M}F$ としているでしょ。これはワケありなんです。数学的にはどっちでも変わらないのだけど，物理としては違うんですね。それは単位のない数学と違って，物理では単位をもつ量を扱っているということ。**式の両辺の単位は一致しないといけないのです。次元(ディメンション)の一致**といいます。(2)の左辺 N は「力」だから，右辺も「力」の次元にならなければいけない。$\dfrac{m}{m+M}$ は質量どうしの割り算で単位のない量。したがって，$\dfrac{m}{m+M}F$ と書けば，F という「力」の次元をもつことがはっきりします。

次元のチェックをすると，計算ミスが驚くほど防げます。ぜひ実行してみてください。$N = \dfrac{F}{m+M}$ とか $N = \dfrac{mM}{m+M}F$ とかは明らかに誤りと断言できるんだ。また，$m+M^2$ のような形が現れることもありえません。**和や差は同じ単位でしかできないのです。**答えに対してはもちろんのこと，計算の途中でも意識するようになったら，あなたの実力もナカナカのものなんですよ。

■ 等速度運動なら力はつり合っている

　物体が静止していれば，誰でも力のつり合いを考えますが，**等速度運動をしていても力のつり合いが成り立っていることに注意してください**。出題の狙（ねら）い目となっています。「等速度」は，速さだけでなく向きまで含めて一定ということですから，等速直線運動のことです。

　等速度なら加速度 $\vec{a}$ は $\vec{0}$　よって，$m\vec{a}=\vec{F}$ より $\vec{F}$ も $\vec{0}$　$\vec{F}$ は合力だったから，$\vec{F}=\vec{0}$ は力のつり合いでしょ。逆も言えますが，それは慣性の法則に他（ほか）なりません。静止は速度 0 で，等速度の特例と考えればいい。

> 等速度は
> 力のつり合い

　たとえば，［問題 10］で $F>(m+M)g$ で引き上げているときは加速度運動ですが，途中で $F=(m+M)g$ に切（き）り替えたと思ってください。すると，力がつり合い——例の一体化の見方ですよ——その時の速度のまま等速で上がっていくことになります。

　日常見かける例が雨滴（うてき）の落下です。空気の抵抗のため，一定の速さで落ちてきます。抵抗力（ていこうりょく）は速さ v に比例し，kv と表され（k は定数），速さが増すとともに大きくなり，やがて mg に追いつきます。これで等速度運動に入るわけですね。最終速度 v_f は $kv_f=mg$ より求められます。

　念のために言っておきますが，kv が mg を超えることはないよ。$kv_f=mg$ となった途端（とたん），合力が 0 で加速ができなくなってしまうから。もし，空気抵抗がなく，雨が自由落下してきたら大変です。すごいスピードで降ってきますよ。「雨だ。危険だから外へ出るな！」となってしまうでしょうね(笑)。

　それでは［問題 11］へ進みましょう。これは運動方程式としてはかなりハイレベルの問題です。力の働き方がちゃんと分かったかどうかをチェックするのにもいい問題ですよ。

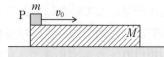

　滑らかな水平面上に置かれた質量 M の板の上で，質量 m の小物体 P だけに初速 v_0 を与えた。板と P の間の動摩擦係数を μ とする。P が板に対して止まるまでの時間 t_0 と，その間に板上を滑る距離 l を求めよ。その後の両者の速さ v_f はいくらか。重力加速度を g とする。

■ まず運動のイメージを

　この問題，よく出てしかも出来の悪い問題なんです。床の上に板が置かれてて，左から飛んできた物体 P が初速 v_0 で板の上をザザッーと滑る。両者の間に摩擦があるんです。滑っていく途中を描いてみましょう。

　もちろんこの P は板から動摩擦力を受ける。後ろ向きにね。動摩擦はいつも滑りをジャマする感じです。それと同時に下の板も，相手に力を加えたから自分自身も同じ大きさの力を逆向きに受ける。前向

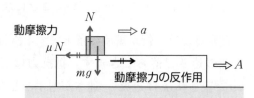

$$\binom{板が受ける鉛直}{方向の力は省略}$$

きの力ですね。そう，**作用・反作用の法則**です。

　結局のところ，P は摩擦によるブレーキがかかってスピードを落とします。下の板の方は加速だね。動摩擦力の反作用で加速されて——ま，簡単に言えば P に引きずられて——だんだんスピードを上げていく……やがて，両者は同じ速さにならざるをえないですね。そうすると，P は板上で止まって動摩擦力がなくなって，両者は一体となって等速 v_f で動いていく，というのが最後の姿です。

　様子がつかめたところで問題を解いてみましょう。

動摩擦力はμNと表されますが，鉛直方向の力はつり合っているから$N=mg$で，結局，動摩擦力はμmgとなっています。**板が受ける力はその反作用だから，同じくμmgで右向き**ですね。右向きを正として，Pの加速度をa，板の加速度をAとしよう。図ではこれらの向きは適当に描いています。仮に正の向きにしておくというような軽い気持ちです。aとAには符号を含めているのでしたね。

力学

運動の法則

■ 板の運動方程式が勝負 ━━━━━━━━━

それでは運動方程式に入ります。まずPについて，

P：　　$ma = -\mu mg$　…①

動摩擦力は負の向きの力だからマイナスを付けています。

板にいきましょう。①の出来はいいんですけどね，板の運動方程式の出来はガクンと悪くなります。板に注目しているのだから……　　左辺は$MA=$で始めるのだったね。

板：　　$MA = \mu mg$　…②

板が受けている力は正の向きだから，＋μmgとしています。①と②から加速度aとAが求まります。

$$a = -\mu g \qquad A = \frac{\mu m}{M}g$$

aはマイナスで，左向きということですね。前の図では，aの向きは適当に描いていたのです。未知数だから適当に描いた。**未知数の段階では，正の向きに矢印を表示しておくと式が書きやすいのです。**aやAには符号が含まれています。**未知数の特権**と言ったらいいのかな。実際の状況は，解いた結果が教えてくれるというわけです。いまの場合，動摩擦力が左向きだから，加速度aが左向きになるのは当然ですけどね。

■ "相対運動"ならスマートに解決 ━━━━━━

問題に戻りましょう。**動いている板に対するPの運動を調べたいのです。**

61

相対速度や相対加速度の問題です。これは片方（いまの場合は板）の動きを封じ込められるので，強力な武器なんですよ。

そこで，相対加速度 α を求めてみましょう。「板から受ける動摩擦力を考えて a を出した。だから a は板に対する相対加速度だ」なんて思っていませんか？　そうだったら大きな誤りですよ。運動方程式のところで言ったはずです。運動方程式に登場する加速度は地面に対する値だと。

相対加速度 α を求めるには，加速度の引き算をやるんでしたね。「板に対する」といったら，板上の人が見た P の加速度。見た人の加速度を引くのだった。符号つきのまま引き算します。本来，ベクトルの引き算だからね。すると，

$$\alpha = a - A = -\frac{M+m}{M}\mu g$$

α は負で，減速を意味します。それで P が板上で止まるというのは，相対速度が 0 になるときだから，等加速度運動の公式❶を使って，

$$0 = v_0 + \alpha t_0 \quad \therefore \quad t_0 = -\frac{v_0}{\alpha} = \frac{Mv_0}{(M+m)\mu g}$$

これも何気なく書いてますけど，v_0 は板に対する初速なんです。最初，板および板上の人は止まっていた。P の v_0 はそのまま v_0 に見えるわけ。「P は v_0 でやって来て，α の等加速度運動をして止まった」，ただそれだけのことですね。

相対運動で考えるなら，すべての量は板上の人が観測する値を用いるんです。相対速度，相対加速度，そして相対的な距離（正確には相対座標ですね），そういったものでやっていくんです，一貫して。いいですね。

さあ，時間 t_0 が出て，次は板上で滑った距離 l ですか。これは……そうですね，等加速度運動の公式❸でいきましょうか。❷でやる人が多いかな。でも，❸の方が楽ですよ。同じように相対運動で考えて，

$$0^2 - v_0^2 = 2\alpha l \quad \therefore \quad l = -\frac{v_0^2}{2\alpha} = \frac{Mv_0^2}{2(M+m)\mu g}$$

最後の速さ v_f は地面に対する値ですから，a や A を使って求めます。t_0 での P か板の速度を調べればいいんですが，P の速度 $v_0 + at_0$ より板の速度 At_0 の方が計算が楽だから，

$$v_f = At_0 = \frac{\mu m}{M} g \cdot \frac{Mv_0}{(M+m)\mu g} = \frac{m}{M+m} v_0$$

なお，相対運動で考えないとすると，どうなるかも話しておこう。

まず，t_0 は P と板の速度——単に速度といえば床に対する値——が一致するときだから，$v_0 + at_0 = At_0$ として求まります。次に l です。これは床に対して P と板それぞれが移動した距離 x_1 と x_2 を調べてから，$l = x_1 - x_2$ として求めることになります。

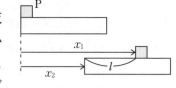

$x_1 = v_0 t_0 + \frac{1}{2} at_0^2$ と $x_2 = \frac{1}{2} At_0^2$ の計算がどんなに大変か，やってみると「ヤッパ，相対運動に限るナー」と実感できるよ。

■ グラフで確認

さてここで，みなさんに少しやってみてほしいことがあるのです。それは縦軸に速度，横軸に時間をとって，

> 「飛んできた P の速度が時間とともにどう変化しているかをグラフにしてほしい。その上に，板の速度も時間とともにどう変わったかを点線で描いてみてください」

まあ，だいたいできましたかね。これは v-t グラフですね。だから，**グラフの傾きが加速度を表す**ことを意識したいね。まず飛んできた P，それは最初 v_0 でそれから減速ですね。**等加速度運動は直線ですからね**，v-t グラフ上では。加速度一定はね，傾き一定で，図のように下がっていきます。

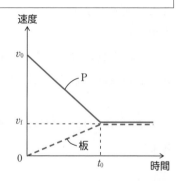

もう一方の板へいきましょう。板は最初止まっていたんですね。それから動摩擦力の反作用で動き出して，これはだんだんスピードアップします。両者のグラフが出合うのが，先ほど求めた時刻 t_0 です。そこから後は等速運動へ入っていきます。これでグラフは完成。

　そこで，もう1つ質問。

> 「このグラフ上に先ほど出した板上で滑った距離 l が現れているんだけど，どの部分か？」

というわけです。入試問題ならその部分を示せ，ときますね。どこに l が現れてますか？　また，ちょっと考えてください。

....

　それでは解答の方へいくとね，距離の話でしょ。こんどは v-t グラフの**面積が距離を表す**という性質を利用すればいい。

　まずPの動いた距離 x_1 が台形 abcd の面積で表されています。これが両者一体になるまでにPが動いた距離。一方，その間に板がどれだけの距離 x_2 を動いたかは，三角形 acd の面積で出る……と。すると，板上で滑った距離 l は2つの距離の差で出るはずで，それはグラフでいえば三角形 abc の面積分なんですね。図から底辺が ab で高さが ad だから，$l = \dfrac{1}{2} v_0 t_0$ と読み取れます。

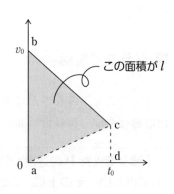

この面積が l

ここに t_0 を代入してみてください。先ほど求めた値にちゃんとなっています。

　ずいぶん長い解説になってしまったけど，運動方程式を扱う上でのポイントがいっぱい詰まった問題でした。v-t グラフの復習にもなったね。

　さて，次回のテーマはエネルギー保存則です。いよいよ力学の花形の登場です。

第6回 エネルギー保存則

強力な武器を手に入れる

運動方程式だけでは，力学は限られた範囲の問題しか解けません。もっと力学の世界を広げようというのが今回のテーマですが，そのための準備として，仕事の話から入りましょう。

■ 仕事の求め方

仕事 W を求めるときは，定義式を使う人が多いかな。$W = Fx\cos\theta$ ですか。力 F が働き続けて物体が距離 x だけ移動する。θ は力の向きと移動の向きのなす角度ですね（図1）。でも，式より次の3つの図で覚えておいたほうが使い勝手がいいんです。

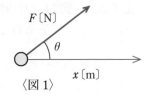

〈図1〉

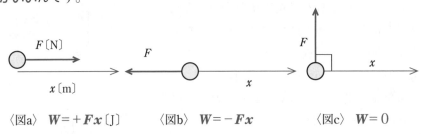

〈図a〉　$W = +Fx$〔J〕　　　〈図b〉　$W = -Fx$　　　〈図c〉　$W = 0$

図aは力の向きに移動した場合で，これはプラスの仕事です。「力×距離」で Fx と素直にやればいい。図bは力の向きと逆方向に移動している場合で，仕事は負になります。マイナスを付けて，$-Fx$ とする。それから直角に移動する場合が図cで，仕事は0です。力の向きと移動の向きを考えて仕事の正・負・0を決めていますが，仕事はスカラー量で，ベクトル量ではありません。念の為。

じゃあ，図1の場合はというと，**力を分解して考えるんですね**（図2）。黒点線の方は移動の方向に対して直角の力だから仕事をしない。だからはじめから赤点線 $F\cos\theta$ だけ取り出せばいい。力の向きに移動しているからプラスの仕事というわけで，$F\cos\theta \times x$

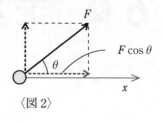

〈図2〉

と言うと，たいていの人が，「定義式を用いれば一発^(いっぱつ)で書けるのに，分解^(てま)して手間ひまかかるじゃないか」と言いそうですね。そうではないということを実例で見てみよう。

〈例〉傾角 θ，動摩擦係数 μ の斜面を，質量 m の物体が上向きに x だけ滑り上がって，止まった。重力，動摩擦力，垂直抗力の仕事，W_G，W_F，W_N をそれぞれ求めよ。

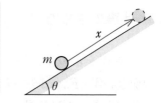

まずは**重力の仕事** W_G　先ほどの定義に合わせる人が $mgx\cos\theta$ とやりがちなんです。けげんそうな顔してる人がいるね。これ，間違いですよ。もしあの定義通りやるのなら別の角度を使わないとだめですよ。θ じゃなくって $\theta+90°$ ！　しかもこのあと，$\cos(\theta+90°)=-\sin\theta$ という変形でつまずく。そんな面倒臭^(めんどくさ)いことをやるより，力を分解的に見たらどうですか。

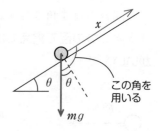

この角を用いる

まず斜面方向の成分 $mg\sin\theta$ を取り出す。それで移動の向きと力の向きは逆向きだから，これは負の仕事だな——ってわけです。だから，$W_\mathrm{G}=-mg\sin\theta \times x$　ほとんどろくに考えなくても，重力の仕事がパッと出ちゃいます。

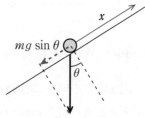

実は，重力の仕事には特殊な性質があって，もっと簡単な求め方があり

ます。それは「**重力の仕事は移動の経路によらない**」という性質。そこで移動経路を変えてしまうことができる。斜めに AB 間を動いたんだけど，仕事の計算ではね，経路を A → C → B と置き替えていい(右図)。

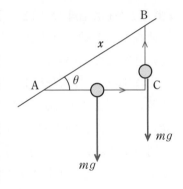

　AC 間では移動の向きと力の向きが直角だから仕事は 0。だから CB 間だけで考えればいい。下向きに重力 mg，そして上向きの移動の距離は $x \sin\theta$　マイナスの仕事で，$W_\mathrm{G} = -mg \times x \sin\theta$　どうです，すっきりしてるでしょ。

　重力の仕事は結局，鉛直方向の動き，上下の動きだけ追えばいいんです。下向きに動いたらプラスの仕事，上向きに動いたらマイナスの仕事。それは重力だからできるんです。

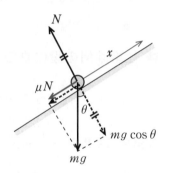

　次に，**動摩擦力の仕事**へいきます。図をもう 1 回描き直すと，上へ滑っていく物体だから，動摩擦力は斜面に沿って下向きに μN　垂直抗力 N は，斜面に垂直な方向での力のつり合いから $mg \cos\theta$ に等しいから，動摩擦力は $\mu mg \cos\theta$ で下向きです。移動は上向きに距離 x　また負の仕事だな…となって，$W_\mathrm{F} = -\mu mg \cos\theta \times x$

　最後は**垂直抗力の仕事** W_N　これは力の向きと移動の向きが垂直ですから，$W_\mathrm{N} = 0$　とにかく**仕事の符号など即断できるのです。符号を間違える**

<ruby>即断<rt>そくだん</rt></ruby>

なんて考えられないことなんです。

　<ruby>特殊<rt>とくしゅ</rt></ruby>なケースもついでにふれておきましょうか。まずは糸に結ばれた振り子の場合，

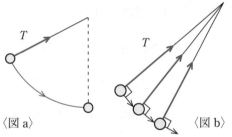

〈図 a〉　　　〈図 b〉

「張力 T がした仕事は？」というわけです（図a）。

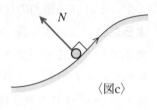

〈図c〉

曲線上の運動になると，基本的には微小区間(かん)に分割してその各区間内は直線運動とみなしてね（図b），順次(じゅんじ)仕事を計算して足し合わせるという方法をとるんだけど，張力は中心を向いていて，移動の向きは円の接線方向。その間の角度はいつも直角。仕事は 0＋0＋0＋……いつまで足しても 0 は 0 ですから，張力の仕事は 0 ですよ，というのが振り子運動。

図cに移ります。「曲面上を滑る場合の垂直抗力の仕事は？」……これも同じこと。垂直抗力は面に垂直で，移動は面に沿って，つまり直角に動くから，仕事は 0 というわけですね。

■ 仕事は何の役に立つ？

ところで，「仕事って一体何の役に立つんですか？」……こう改めて尋(たず)ねられると，ドキッとしませんか。オタオタする人が出そうですね。仕事は運動エネルギー $\dfrac{1}{2}mv^2$ に関係しているんです。

仕事＝運動エネルギーの変化

物理で"変化"といったら必ず「あと」引く「はじめ」ですから，

（あとの運動エネルギー）−（はじめの運動エネルギー）

プラスの仕事は運動エネルギーを増やし，マイナスの仕事は減らす。だから仕事は正・負が大切なんです。

さっきの **〈例〉**（p. 66）なら，初速を v_0 とすると，

$$W_G + W_F + W_N = 0 - \frac{1}{2}mv_0^2$$

$$-mgx\sin\theta - \mu mgx\cos\theta + 0 = 0 - \frac{1}{2}mv_0^2$$

これからxを求めてみると，［問題9］の(2)の結果(p. 54)と一致するでしょ。ただ，この関係は入試ではそれほどは使いません。なぜって，もっと便利な関係があるからです。それこそ，エネルギー保存則です。

なお，「仕事＝運動エネルギーの変化」は運動方程式から導ける定理です。やはり，力学の根幹には運動方程式があるんですよ。

■ 仕事を位置エネルギーとして格上げする

重力の仕事ははじめの位置とおわりの位置だけで決まり，途中の経路によらないので，位置エネルギーとして扱えます。確約された仕事は物体がもつエネルギーとして扱えるのです。**重力の位置エネルギー mgh** ですね。

正確にいうと，「位置エネルギーは基準点まで移動する間に力のする仕事」。基準点から高さ h の位置にある物体なら，重力は経路に関係なく $mg×h$ の仕事をし，その分だけ運動エネルギーを増やしてくれるからね。**重力の位置エネルギーの基準点はどこにとってもいい**ですよ。基準点より h だけ下にある場合は仕事が負となるから，位置エネルギーは$-mgh$とするんですよ。

エネルギーをお金にたとえると，運動エネルギーは現金。対して位置エネルギーは銀行預金。いつでも現金に換えられるというわけです。

ばねの力（弾性力）の仕事も経路によらないので，位置エネルギーとして扱えます。**弾性エネルギー $\frac{1}{2}kx^2$** です。

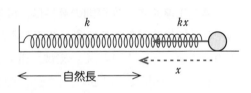

k はばね定数で，x はばねの自然長からの伸びないし縮みです。

弾性エネルギーは，基準点である自然長の位置に戻るまでの間に，ばねの力がする仕事です。前ページの図のように，x だけ伸ばされたばねは kx の力を出すけど，自然長に近づくにつれ力は弱くなる。だから，仕事は（平均の力）×（距離）とする必要がある。はじめの力が kx で自然長では 0 だから，

$$\frac{kx+0}{2} \times x = \frac{1}{2}kx^2$$

となるんですね。x だけ縮んでいる場合も同じことです。

位置エネルギーを考えれば，もうその力の仕事は考えなくていいということ。両者を同時に考えることはありえないからね。

仕事が経路によらない力を**保存力**とよび，重力，弾性力の他には，万有引力や静電気力があります。これらに対しても位置エネルギーがありますが，もう少し先の話です。

■ 力学的エネルギー保存則のすばらしさ

何といっても大切なのが**力学的エネルギー保存則**で，これは先ほどの「仕事＝運動エネルギーの変化」を進化させたものです。

運動エネルギーと位置エネルギーの和のことを力学的エネルギーといって，運動している間その値が一定となるのです。

力学的エネルギー保存則の条件は，簡単にいえば摩擦がないことです。厳密な条件は非保存力の仕事が 0 であること。非保存力って，保存以外の力のこと。手っとり早くいえば，重力と弾性力以外の力です。p. 67 と 68 の図 a，c を見てください。図 c では曲面が滑らかとします。振り子の張力や垂直抗力は非保存力ですが，仕事をしてなかったね。だから，これらの場合も力学的エネルギー保存則が成り立つんです。

力学的エネルギー保存則

摩擦なし ⇒ 力学的エネルギー保存則

（非保存力の仕事＝ 0） 運動エネルギー ＋ 位置エネルギー ＝ 一定

$$\frac{1}{2}mv^2 + \begin{vmatrix} mgh \\ \frac{1}{2}kx^2 \\ \vdots \end{vmatrix} = 一定$$

次の図1を見てください。高さ h の所から物体を初速 v_0 でいろいろな方向に投げ出した場合の様子が描かれています。

> 「床にぶつかる速さ v が最大になるのはどのケース？
> 高く上げる a か，遠くへ飛ぶ b か，それとも……？」

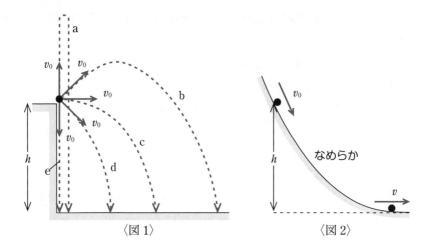

〈図1〉　　　　　　〈図2〉

正解は「なし」。v はどれも同じだから。**放物運動は力学的エネルギー保存則が成り立つ典型的なケース**で，上の場合なら，

$$\frac{1}{2}mv_0^2 + mgh = \frac{1}{2}mv^2 + 0 \qquad \therefore \quad v = \sqrt{v_0^2 + 2gh}$$

v が共通になるのはチョット驚きですね。図2のような滑らかな曲面上を初速 v_0 で下りてきても、やはり v は同じで曲面の形によらない！　こんなの運動方程式では解けないね。このあたりが力学的エネルギー保存則の威力なんですね。

力学の原点は運動方程式にあって、力学的エネルギー保存則もそこから導かれて出てくるんですけど、運動方程式で解けないものまで解いてしまう。物理の面白さの一端が現れています。青は藍より出でて藍より青し…エッ、知らない？　国語、大丈夫かな（笑）。

問題 12　力学的エネルギー保存則

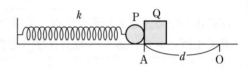

　　ばね定数 k のばねに取り付けられた質量 m の小球 P に質量 M の Q を押し当て、自然長の位置 O より d だけばねを縮ませた位置 A で Q を放す。床は水平で滑らかとする。

(1) AO の中点での速さ u を求めよ。

(2) P から離れた後の Q の速さ v を求めよ。

(3) ばねの自然長からの伸びの最大値 l を求めよ。

まず、Q が P から離れる位置を確認しておこう。自然長に戻るまでは、ばねは P を押して加速するから、Q が離れることはない。自然長を超えると、ばねの力は P に対してブレーキをかける。そこで、Q が離れ始めるのは自然長の位置 O ということになるね。

「運動エネルギー＋弾性エネルギー＝一定」

これで扱えばいい。運動方程式では解けません。途中、弾性力が変わっていくので等加速度運動にならないから。

(1) PQ は一体となって動いていて，中点でのばねの縮みは $\dfrac{d}{2}$ だから，

$$0 + \frac{1}{2}kd^2 = \frac{1}{2}(m+M)u^2 + \frac{1}{2}k\left(\frac{d}{2}\right)^2$$

$$\therefore \quad u = \frac{d}{2}\sqrt{\frac{3k}{m+M}}$$

(2) P から離れた Q は，等速で動く。その速さ v は点 O での速さだし，**AO 間では PQ は一体として扱える**から，

$$0 + \frac{1}{2}kd^2 = \frac{1}{2}(m+M)v^2 + 0 \qquad \therefore \quad v = d\sqrt{\frac{k}{m+M}}$$

(3) **Q が離れた後は，P(とばね)だけの力学的エネルギー保存**に入ります。ばねが最も伸びたとき P は一瞬静止する。折り返し点だからね。そこで，O 点と折り返し点を結ぶと，

$$\frac{1}{2}mv^2 + 0 = 0 + \frac{1}{2}kl^2 \qquad \therefore \quad l = v\sqrt{\frac{m}{k}} = d\sqrt{\frac{m}{m+M}}$$

なお，力学的エネルギー保存則では，位置エネルギーは関連するものすべてを集めます。たとえば，ばねにぶら下げられた物体の運動なら，

$$\frac{1}{2}mv^2 + mgh + \frac{1}{2}kx^2 = 一定$$

とおきます。

■ エネルギーコップ

力学的エネルギー保存則は，「運動エネルギー＋位置エネルギー＝一定」と正直に書いてもいいんですが，使いやすさからいうと，少し別の観点で見たいこともあります。どんなエネルギーを失ったか，そしてどんなエネルギーが現れたのかと考えてみる。両者は等しいんです。

位置コップ

運動コップ

たとえて言うと，位置エネルギーコップと運動エネルギーコップという
2つのコップがあって，それぞれにエネルギーが水みたいに入っているわ
け。水の全量，すなわちエネルギーの全量は一定です。位置エネルギーコッ
プ——長たらしいから位置コップとよぼう——から運動エネルギーコップ
（運動コップ）に水を移してみよう。位置コップの水が減った分だけ運動
コップの水が増える。つまり，

失われたエネルギー＝現れたエネルギー

　全量一定の代わりにこう見ることもできるのです。エネルギーは形を変
えていくだけだという観点，**エネルギーの変換の見方**ですね。これがとて
も役に立つ。

　たとえば，[問題12]の(2)なら，弾性エネルギーがPQの運動エネルギー
に変わったんだなと考えて，0など用いず一気に式を書きたいのです。(3)
では，Pの運動エネルギーが弾性エネルギーに変わったと見たいんですね。

■ 摩擦があるときは世界を広く

　さて，摩擦があるときには，動摩擦力が仕事をするので力学的エネル
ギー保存則は壊れます。でも，大丈夫。まだ方法があるんです。摩擦によっ
て発生する熱エネルギーを取り入れちゃえばいい。

　エネルギーというのはいろんな種類があって，運動エネルギーと位置エ
ネルギーの範囲で全量が保存されている，というのが力学的エネルギー保
存の世界。だから摩擦熱も入れちゃえば保存します。つまり，**より広い世
界で考えるんです。**

摩擦熱＝動摩擦力×滑った距離

　これで摩擦熱が出ます。それを取り入れて，エネルギー保存則をつくれ
ばいいということです。

　仕事のところであげた〈例〉（p. 66, 68）の場合なら，はじめの運動エネ
ルギー $\frac{1}{2}mv_0^2$ が，位置エネルギー $mgx\sin\theta$ と摩擦熱 $\mu mg\cos\theta \times x$

に変わったと見ればいいんです。

運動コップに入っていたエネルギーが，位置コップと熱コップに分配されたという感じだね。

$$\frac{1}{2} m v_0{}^2 = mgx \sin \theta + \mu mg \cos \theta \cdot x$$

p. 68 のやり方よりもこの方がずっとスマートで分かりやすいでしょ。

では，糸で結ばれた 2 物体が運動するというやや複雑な状況に対して，エネルギー保存則で解決するという問題に入りましょう。

問題 13 **物体系のエネルギー保存則**

図の状態で質量 m の物体 A を放す。質量 M の物体 B が h だけ下がったときの速さ v をエネルギー保存則を用いて求めよ。重力加速度を g とする。

(ア) 机の面が滑らかなとき

(イ) 机と A の間の動摩擦係数が μ のとき

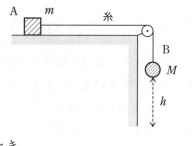

もちろん，運動方程式で解くこともできる問題ですが，ここでは「エネルギー保存則を用いて」と指定されています。

右側の B が h だけ下がると，上の A も h だけ右へ寄っていきます。両者の速さは共通です。このように **2 物体がつながって動くときは，エネルギー保存則は A，B 全体で考えないといけません。**

(ア)は摩擦がないから，力学的エネルギー保存則が用いられます。エネルギーの変換の見方が便利です。右側の B が高さ h だけ下がったから位置エネルギー Mgh を失う。まずこれに目をつける。一方，現れたのは……運動エネルギー。両者のですよ。それで，

$$Mgh = \frac{1}{2}Mv^2 + \frac{1}{2}mv^2 \quad \cdots ① \qquad \therefore \quad v = \sqrt{\frac{2Mgh}{M+m}}$$

この方法の良さは，位置エネルギーの基準をどこにするかなんて考えなくてよい点と，イメージをもって適用できる点にあります。

別解として，「仕事＝運動エネルギーの変化」で解いてみましょう。Aには張力 T が働いて h だけ右へ動いている。これしか運動方向の力はないですね。他の力，重力や垂直抗力は，運動に垂直ですから仕事は0。

$$A： \quad Th = \frac{1}{2}mv^2 - 0 \quad \cdots ②$$

B には重力 Mg と張力 T が働いている。それで高さ h だけ降りてくる。重力の仕事はプラスで Mgh，張力の仕事はマイナスで $-Th$ だから，

$$B： \quad Mgh - Th = \frac{1}{2}Mv^2 - 0 \quad \cdots ③$$

こんなふうに個別の物体ごとに用いるんです。あとは②，③を辺々加えてみると，式①になることを自分で確かめてください。

1つ1つの物体に対しては，張力という非保存力が——どうも舌をかみそうな言葉だね——仕事をしているから，力学的エネルギー保存則は成り立たないけど，全体で見れば，張力の仕事は $Th + (-Th) = 0$ となってOK というわけでした。どう？　①を直接作った方がずっとスッキリしているでしょ。

次の(イ)へいきます。今度は机の面と A の間に摩擦がある場合です。まずは失った分から考えます。Bが下へ h 降りるから Mgh を失う。それで現れた分は……2つの物体の運動エネルギーだけではないね。さっきはエネルギーの入れ物，コップとして運動エネルギーと位置エネルギーだけで考えてよかったけど，今度は摩擦熱が発生するから，**熱エネルギー**というコップにもエネルギーがたまってくるわけ。その分を入れます。(動摩擦力 μmg)×(滑った距離 h)とね。

$$Mgh = \frac{1}{2}Mv^2 + \frac{1}{2}mv^2 + \mu mgh \qquad \therefore \quad v = \sqrt{\frac{2(M-\mu m)gh}{M+m}}$$

$\mu = 0$ としてみると，(ア)の答えに戻るね。**より複雑なケースを扱ったら素直なケースの答えを含むはずだから，それを答えのチェックとして確かめてみるといいですよ。**

「仕事」という観点を脱却したのが「エネルギー」の概念です。もうこれからは，重力の仕事，弾性力の仕事，さらには動摩擦力の仕事などという言葉は頭に思い浮かべないように。問われれば仕方なく考えるということですね。

■ $ma = F$ か，それとも保存則か

最初にも言ったように，運動方程式で解くこともできます。2つの物体について立式し，連立方程式を解いて加速度を求め，等加速度運動の公式を利用すればいいでしょう。ぜひ試みてください。

「運動方程式で進むべきか，それとも保存則で進むべきか。」どちらの方針でも解けるという問題は多いからね。ハムレットの心境になってしまう！ 一つの決め手は「時間」ですね。もし，[問題13]で「B が h だけ下がるまでの時間を求めよ。」と問われたら，運動方程式の一手です。保存則は時間に対して無力なのです。もともと時間によらず保存される量を扱っているのですから。「速さ」だけでいいのなら保存則の方がずっと速く計算できます。結局，**何を求めなくてはいけないのか，問題全体を見てみることが先決**ですね。

でも物理って，いやな言葉が出てきますね。「滑る」，「落ちる」，「下がる」……受験の禁句ばかり。入試直前に，「滑って，熱が出て……」って説明してたら，居眠りしてた子がビクッと起きたことがありました(笑)。

次回からは**物理基礎**を超え，**物理**の力学に入ります。学校の進み方によっては，ここを飛ばして，波動分野(第12回〜)か，熱分野(第2巻，第19回の「比熱と熱容量」)に入ってもよいでしょう。

第 7 回

運動量保存則

衝突や分裂ときたらこの一手

エネルギーに加えて，運動量という大切な量があります。

■ 力積と運動量，そして両者の関係

力積（りきせき）は「力 $\vec{F}$ ×時間 $\varDelta t$」で，運動量は「質量 m ×速度 $\vec{v}$」です。どちらも向きをもつベクトルですね。力積は $\vec{F}$ の向き，運動量は $\vec{v}$ の向きになります。両者の間に重要な関係がありますね。

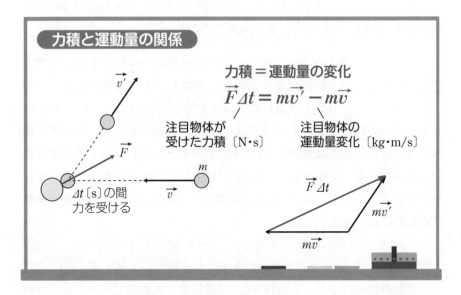

力積と運動量の関係

力積＝運動量の変化

$$\vec{F}\varDelta t = m\vec{v'} - m\vec{v}$$

注目物体が
受けた力積 〔N・s〕

注目物体の
運動量変化 〔kg・m/s〕

$\vec{v'}$

$\vec{F}$

m

$\vec{v}$

$\varDelta t$〔s〕の間
力を受ける

$\vec{F}\varDelta t$

$m\vec{v'}$

$m\vec{v}$

これは運動方程式 $m\vec{a} = \vec{F}$ に根（ね）ざしている関係で，1つの定理なんですね。ベクトルの関係式になっています。

内容的には，「物体の速度を変えるのに必要なものは力積だ」と主張しているのです。力だけではないヨ，時間も関係しているんだヨ，ということですね。

たとえば，ピッチャーが投げたすごいスピードボールを受けるとき，キャッチャーはグラブを引きながら受け止める。あれは時間 $\varDelta t$ を長くすることによって力を小さくする，つまり手が痛くないようにしてるんですね。

■ 運動量保存則は物体系に対して

　運動量 $m\vec{v}$ は「運動の勢い」を表す量です。同じ速さでも，子供が突進してくるのと大男が突進してくるのとでは，勢いが違うでしょ。質量 m が関係してくるわけです。

　いくつかの物体が力を及ぼし合いながら動くとき，全体の運動量の和が一定に保たれる。それが運動量保存則ですね。「力積＝運動量の変化」から導けるんですが，それは後で実例を通してやってみましょう。

　運動量保存則は2物体以上で使います。2物体，3物体でね。それと，ベクトルの保存則だということを忘れないでください。エネルギー保存則との大きな違いです。エネルギーは向きのない量（スカラーとよんでます）ですから，「あっち向きのエネルギー」なんて言ったら滑稽ですよ。でも，「あっち向きの運動量」はいいんです。

　まずは衝突や分裂を扱う問題で用いると覚えてください。それでほぼOK ですが，ていねいにいうと，物体系つまりグループに対して外力がかかってこない，外部から力が働かないことが条件になります。

運動量保存則

衝突や分裂 $\Rightarrow$ 運動量保存則

$$\left(\begin{array}{c}物体系に対して\\外力＝0\end{array}\right) \qquad m_1\vec{v_1} + m_2\vec{v_2} + \cdots = 一定$$

たとえばでいうと，2物体がドーンと衝突しているとき，お互い相手に力を加える。作用・反作用の法則ですね。このときの力は内力（ないりょく）とよばれる力です。グループ内で発生するから。それに対して，たとえばこのときハンマーでたたいてたとすると，これが外力（がいりょく）です。ハンマーは仲間（なかま）に入れてないから。

　そういうものが加わるとダメになっちゃいますけど，内力だけなら——メンバー間の力だけなら——運動量保存則が使えますよ，ということです。**外力って手の力を意味することが多いけど，ここでは"グループ外の物体からの力"という意味です。**

■ 内力と外力の違いをしっかりと

　エッ，内力と外力の違いがまだピンとこないって？　では，もっと具体的な例で話そうか。下の図はスケートリンクです。摩擦はなしとしよう。

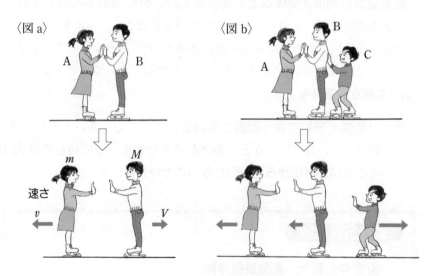

〈図a〉 A B

〈図b〉 A B C

速さ m M v V

　図aは静止していたAさんとB君が押し合って離れる場合。「分裂」のケースで，2人の力は内力です。A，Bの質量を m, M, 速さを v, Vとして，右向きを正とすると，Aさんの運動量は負だから，$0 = -mv + MV$となります。はじめから $mv = MV$ と書くと，「オヌシなかなか出来（でき）るな」

という感じがするね。**全運動量が 0 だから，左向きに発生した運動量の大きさと右向きに発生した運動量の大きさが等しい**,これでベクトル和が 0,という気持ちで書いているのです。**正反対の向きに動くことは要注意。**

さて，図 b は C 君も加わったケースです。このときは A さんと B 君だけでは運動量は保存しないのです。C 君の力が外力になっているからです。でも，C 君も仲間に入れてやれば，すべての力は内力です。運動量保存則が成立し，メデタシ，メデタシです。

図 a のように，静止状態から 2 つに分裂するケースはよく登場してきます。ロケットがガスを噴射して動くとか，砲弾を撃つと大砲も（反動で）動くとかね。$mv = MV$ だから，**軽い方が速いことにも注意してください。**

ところで，ピストルは軽い方が扱いやすいでしょう。そこで，弾丸と同じ質量のピストルを作ったとしたら……。これは便利などころか危険ですね。$M = m$ だから $V = v$,つまり，相手を撃つと同時に自分もピストルで撃ち殺されてしまうんですよ（笑）。

■ 衝突問題を解く

運動量保存則を用いる典型例は，**直線上の衝突**ですね。ふつうは衝突前の 2 つの物体の速度が与えられ，衝突後の両者の速度を求めることになります。速度ですから，運動の向きも含めてのことですよ。これに対しては，**運動量保存則と反発係数 e の式の連立という形で解きます。**

衝突では運動エネルギーは保存しないから注意してください。もちろん，2 物体のもつ運動エネルギーの和が保存しないと言っているのです。衝突すると，音が出て，物体が変形し，熱が発生します。音や変形や熱にエネルギーが使われるわけ。ただ，**弾性衝突，$e = 1$ のケースですね，このときのみ運動エネルギーは保存します。**でも，解き方は上で述べた連立でいくことに変わりはありません（$e = 1$ とする）。

じゃあ，問題に入ってみよう。

滑らかな水平面上で，質量 M の板 B がばね定数 k のばねに結ばれて静止している。右から質量 m の A が速さ v_0 で衝突し，両者は瞬間的に一体となった後，ばねを縮めた。衝突直後の速さ v と衝突の際失われた力学的エネルギーを求めよ。また，ばねの最大の縮み l を求めよ。

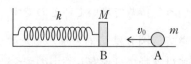

右から物体 A が v_0 でぶつかってきて，B と衝突して一体 $(m+M)$ になるという話です。粘土みたいなのが飛んで来てペタッとくっついた感じ。**一体になるのは $e=0$ にあたりますが，運動量保存則だけで解けます。**左向きを正として，

$$mv_0 = (m+M)v \qquad \therefore \quad v = \frac{m}{m+M}v_0$$

くどいように言いますが，運動エネルギーなんか保存しないからね。それを確かめているのが次の設問。力学的エネルギーは運動エネルギーと位置エネルギーの和のことですが，位置エネルギーに変わりはないので，運動エネルギーがどれだけ減ったかですね。もちろん A と B 全体を見てのことです。

$$\frac{1}{2}mv_0{}^2 - \frac{1}{2}(m+M)v^2 = \frac{1}{2}mv_0{}^2 - \frac{m^2v_0{}^2}{2(m+M)} = \frac{mMv_0{}^2}{2(m+M)}$$

次は一体となった A，B がばねを押し縮めていきます。それまでばねは関係していませんよ，自然長だったからね。これ，外力を形成する要因にはなっても，力が 0 だったからよかったんですね。運動量保存を壊さない。この後はギューっと縮んでいきます。もう，運動量は保存しない。

しかし，力学的エネルギー保存の世界に入れる。摩擦がないから。ばねが最も縮むのは物体が（一瞬）止まるときですね。運動エネルギーがなくなって，その代わり現れてくるのがばねの弾性エネルギー。そこで，

$$\frac{1}{2}(m+M)v^2 = \frac{1}{2}kl^2 \qquad \therefore \quad l = \frac{mv_0}{\sqrt{k(m+M)}}$$

　運動量保存とエネルギー保存の切り替わりに注意してほしい問題でした。ところで，ここで［問題11］（p. 60）を振り返ってみたいのです。もう一度，［問題11］を見てください。

　何か思い当たることはありませんか？……うなずいてくれる人はほんのひとにぎりだね。みんな不思議（ふしぎ）そうな顔をしてる。たぶん，思いはこうなんでしょう。「問題11では摩擦がある。だから運動量保存ではないのに……」。

　いいですか，**摩擦があって困るのは力学的エネルギー保存**ですよ。**運動量保存の条件は「外力＝0」**。物体Pと板の間の摩擦は内力！　水平面からの摩擦がないからOKなんです。すると［問題11］の最終速度 v_f は運動量保存から，

$$mv_0 = (m+M)v_f \qquad \therefore \quad v_f = \frac{m}{m+M}\,v_0$$

と求めることもできるのです。運動方程式で解くよりずっと速い！

　［問題14］の v の求め方と一緒（いっしょ）でしょ。物理っていろんなことが関連し合ってますね。ジャングルジムみたいにあっちへもこっちへもつながって動けるのが面白さですね。

問題 15　運動量保存則 (2)

　滑らかな床上に質量 M の滑らかな内面をもつ箱Bを置き，その中で質量 m の物体Aに初速 v_0 を

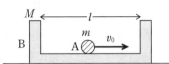

与えた。Aが箱の右端と衝突した直後の両物体の速度 v_A，v_B（右向きを正）を求めよ。衝突後Aがはね返る条件を求めよ。また，Aが受けた力積とAが右端に衝突してから左端に衝突するまでの時間 t_0 はいくらか。A, B間の反発係数を $e\,(<1)$ とし，箱の内のりを l とする。

物体 A が箱 B の右側の壁にぶつかる
まで B は動かないですよ。A と B との
間には摩擦がないから。A だけがスー
と右へ動いていって，B は止まってます。
それで衝突が起こると，B がバッと動くわけ。

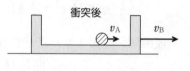

衝突後の速度の図を描いてみましたが，矢印の向きは軽い気持ちで適当
に描いているんです。仮に正の向きにしておいたのです。運動量保存則は，

$$mv_A + Mv_B = mv_0 \quad \cdots ①$$

設問の「A がはね返る条件」に引きずられて，$-mv_A + Mv_B = mv_0$ と
した人が何人もいるはずです。v_A は速度ですから符号は内に含んでいる
んです。v_A が正であれ負であれ，A の運動量は mv_A です。**衝突後 A が前
進している場合もバックしている場合も含めて扱える点が速度のよさです**
ね。

また，上に A があるからって箱の運動量を $(m+M)v_B$ にする人が何割
か出るけど，関係ナシです。箱の質量と箱の速度を用意する。

それから，反発係数（はね返り係数）の式。これは各自の覚え方でつくっ
てくれればいいんですが，私自身は，

衝突後の速度差 ＝ $-e$ × 衝突前の速度差

としています。$e = \cdots\cdots$ と分数形でつくる人が多いかな。

$$v_A - v_B = -e(v_0 - 0) \quad \cdots ②$$

こう書いておくと実は便利な点があっ
て，未知数がすべて左辺に集まっている
ため，後の計算がやりやすいんです。v_A
が欲しいなら，v_B を消去してやればいい
から，②を M 倍して，①と辺々で足せ
ばいい。そうして求めていくと，

正面衝突
⇩
運動量保存則
e の式 ｜ の連立

$$v_A = \frac{m - eM}{m + M} v_0 \qquad v_B = \frac{(1+e)m}{m + M} v_0$$

　問題文で，衝突後の速度を未知数にするよう指定されてますが，言われなくてもそうしたい。**速さではなく，速度**にしたいのです。運動量保存則でも反発係数 e の式でも速度を用いるからです。そして，**衝突後の状況は解いた結果から判断します。**速度の正・負から本当の向きが決まります。

　「A がはね返るためには」，速度 v_A が負になればいいから，

　　　$v_A < 0$　より　　　$m < eM$

　次に，衝突時に A が受けた力の大きさを F，衝突時間を $\varDelta t$ とすると，A が受けた力積は，力が左向きだから負となり $-F\varDelta t$ ですね。でも，F も $\varDelta t$ も分からない。そこで「**力積＝運動量の変化**」を用います。A が受けた力積は A の運動量の変化に等しく，

$$-F\varDelta t = mv_A - mv_0 \quad \cdots \text{③}$$
$$= -\frac{(1+e)mMv_0}{m + M}$$

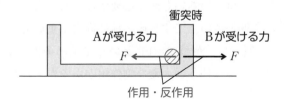

　作用・反作用より，B は右向きに F の力を受けます。すると B が受けた力積は $+F\varDelta t$　これは B の運動量の変化に等しいから

$$+F\varDelta t = Mv_B - 0 \quad \cdots \text{④}$$

　作用・反作用のおかげで，A が受けた力積は B が受けた力積にマイナスをつければよく，$-Mv_B$ としても求められますし，その方が計算が楽なんです。

ついでのことに，③＋④としてみると，

$$0 = mv_A - mv_0 + Mv_B$$

これを書き換えたものが運動量保存則の式①です。**運動量保存則は力積の式から導出されること，作用・反作用を満たす内力だからこそ力積の和が0になったこと**を振り返っておきたいですね。

■ 等質量かつ $e=1$ なら速度が入れ替わる

ついでのことに，衝突する2物体の質量が等しく，かつ，反発係数が $e=1$ のケースについて話しておきましょう。p. 85 の v_A, v_B の答えで，$M=m$, $e=1$ としてみてください。すると…$v_A=0$, $v_B=v_0$ となるでしょ。この結果が言っていることは，v_0 でやってきた A は止まり，止まっていた B が v_0 で動き出すということ。机の上に100円玉を置いて，別の100円玉をはじいて正面からぶつけてみると一目瞭然。「**等質量で $e=1$（弾性衝突）なら速度は入れ替わる**」という

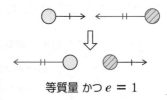

等質量 かつ $e=1$

ことは知っておきたいね。いちいち解く必要がなくなっちゃいます。このケースは入試では意外と多いんです。衝突前に両方が動いていてもかまいません。ただ，「等質量で，かつ $e=1$」という二重の条件が必要ですよ。特効薬というのはうっかり使うと大変な副作用があるからね。

■ 反発係数の式を上手に利用

「2度目の衝突が起こるまでの時間は」に入っていきます。両者が動いているからやっかいですね。A だけの動きにしたい。つまり，箱の中でのボールの動きにしたい。……そうです，そんなときには**相対速度**。箱の中に立っている人が見たら，ボールの動きはどう見えるか。見た人の分を引くのでした。

「ボールの速度 v_A － 箱の速度 v_B」。引き算の順番を間違えないように。

それと，速さの引き算ではなく，速度の引き算です。

p. 85で求めたv_Aとv_Bの値を入れてみると，$-ev_0$となります。マイナスだからこれは左向き，ってわけですね。箱の中で見ていると，ぶつかった後，左へ速さev_0で戻っていくように見えます。まあ，左向きは当然ですね，もはや箱は止めて考えているのだから。ぶつかるまでの時間t_0は，この速さで箱の内のりの長さlを割ってやればよく，$t_0 = \dfrac{l}{ev_0}$

実は，$v_A - v_B$の計算は必要ないのです。②式に注目してください。そこに$v_A - v_B$は$-ev_0$と書いてあるではありませんか！　もともと**反発係数で用いるのは相対速度**なんです。

あとの相対速度 ＝ －e×はじめの相対速度

です。

　ここで，ちょっとみんなに質問しましょうか。今は2度目の衝突が起こるまでですが，

> 「2度目から3度目に衝突するまでにかかる時間はいくらですか？
> 左の壁にぶつかってから右の壁にぶつかるまでの時間は？」

これは相当高度です。が，まあここまで説明すればなんとかなるかな，というところなんだけどね。もちろん箱の動きは止めておきたいから，相対速度でいこうということなんですが……，ちょっとやってみましょうか。

2度目が起こった後の速度を$v_A{}'$，$v_B{}'$として，反発係数の式より，

$$v_A{}' - v_B{}' = -e(v_A - v_B) = e^2 v_0$$

ここで，また②を使いましたよ。結果はプラスだから，右向きを意味します。左の壁から右の壁へ向かって速さ$e^2 v_0$で動くから，かかる時間は$l/e^2 v_0$と分かります。こんな具合（ぐあい）に，反発係数の式を上手に利用すると，次から次へとやっていけるというわけです。反発係数eの式で，右辺にマイナスが必要なのも分かるはずです。一方から見た相手の運動は，衝突によって向きが反転するからだね。

　滑らかな水平面(xy面）上に質量 M の小球 Q を置き，これに質量 m の小球 P を速さ v_0 で衝突させたら，P は進行方向（x 方向）から 60° の方向に，Q は 30° の方向に動き出した。衝突後の P の速さ v と Q の速さ V を求めよ。また，衝突時に P が受けた力積の大きさを求めよ。

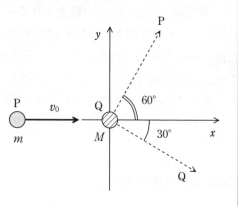

■ 運動量保存則はベクトルの関係

　運動量保存則は，ベクトルの関係であることを忘れないように。向きのないスカラーの関係であるエネルギー保存則との大きな違いです。

　ベクトルの関係は x，y 各方向ごとに成り立つから，まず衝突後の P，Q の速度を分解してみると次の図のようになるね。

　x 方向については，

$$mv_0 = mv\cos 60° + MV\cos 30°$$
$$= \frac{1}{2}mv + \frac{\sqrt{3}}{2}MV \quad \cdots ①$$

　y 方向については，衝突前の運動量がないから，

$$0 = mv\sin 60° + M\cdot(-V\sin 30°)$$

$$= \frac{\sqrt{3}}{2}mv - \frac{1}{2}MV \quad \cdots ②$$

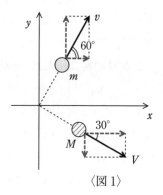

〈図 1〉

②から $V = \dfrac{\sqrt{3}\,m}{M}v$ これを①に代入すると,

$$mv_0 = \dfrac{1}{2}mv + \dfrac{3}{2}mv$$

これより, $v = \dfrac{1}{2}v_0$ そして, $V = \dfrac{\sqrt{3}\,m}{M}v = \dfrac{\sqrt{3}\,m}{2M}v_0$

　ベクトルの関係をストレートに用いると, 本当は速く解けるんですよ。衝突後の2つの運動量ベクトルを描いて, 合成すると, 衝突前のPの運動量 mv_0 に一致するはず。

　つまり, 図2のようになるでしょ。60°と30°, 合わせて直角だから, mv_0 は長方形の対角線になってますね。

$mv = mv_0 \cos 60°$ から v が求められ, $MV = mv_0 \cos 30°$ から V が求められることは歴然（れきぜん）としているでしょ。

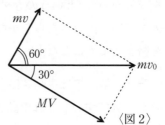

〈図2〉

　でも, いつもこんなにうまくいくとは限らないから, ①, ②のように**分解して考えるのが正攻法**（せいこうほう）です。

■「力積＝運動量の変化」もベクトルの関係

　Pが受けた力積はPの運動量の変化から求めるのでしたが, これもベクトルの関係だったことに注意。まともにやると手間（てま）がかかりそう。そこでどうするんだった？……

　そうですね, **作用・反作用のおかげでQの受けた力積を調べればいい**んですね。力積の向きは反対だけど大きさは同じです。Qははじめ止まっていたから計算が簡単で,

$$MV - 0 = MV = \dfrac{\sqrt{3}}{2}mv_0$$

P が受けた力積

mv

60°

mv_0

　図2を描いた後なら, ベクトルの引き算も大（たい）したことはないんですよ。右のように直角三角形になってるから, $mv_0 \sin 60°$ として求めることができますね。

最後に，ある大学の入試問題をひとつ。

> 「氷が張った広い池の中央に立たされた。摩擦と空気抵抗は無視できるとする。脱出する方法を考えよ」

どうですか？ 「歩いて」は無理。摩擦がないから。ついでながら，ふだん歩いているときの摩擦は，動いているから動摩擦と思っている人が多いんだけど，実は静止摩擦です。靴と地面の間に滑りがないから。地面に力を加え，反作用として前向きの静止摩擦力を得て歩いているんです。「氷をひっかいて」というのもダメ。「ケータイで助けを求める」は論外(笑)。入試で突然出合ったらなかなか答えられないかもしれないけど，今回の話を踏まえてのことだからね……

そう，解決策は運動量保存則ですね。持っている物を投げること。分裂のケースですね。これで動き出せる。なるべく重い物の方がいいですよ。作用・反作用の法則で考えてもいいです。投げた物に加えた力の反作用で動き出せます。水平方向の力がないから，後は等速運動で岸に達せられるんですね。ロケットやジェット機が燃料を噴射して前へ進むのと同じ原理です。

第 8 回

２つの保存則

難問を二刀流で斬る

運動エネルギー $\frac{1}{2}mv^2$ と運動量 mv，この２つは「どこか似ているようで，違いがイマイチ分からないんだよナー」と思っている人が多いですね。確かに，いずれも m や v が大きいほど大きい。違いを明確にするためにたとえ話でいこうか。体重と身長——この２つの量も似ているんですよ。体の大きな人ほど両方とも大きいでしょ。「そんなことないゾ。例外だってあるゾ」なんて揚げ足取りはなし。でも，体重と身長がそれぞれに大切な量であることは自明のこと。あえて言えばそれぞれに用途があるんですね。エレベーターの定員は体重を考えて決めるわけだし，一方，扉の高さは身長を考えて決めている。

エネルギーと運動量も用途に応じて使い分けているんです。**摩擦のないときなら力学的エネルギー保存**だったし，**衝突や分裂の問題は運動量保存**でした。実は，$\frac{1}{2}mv^2$ と $m\vec{v}$ には体重と身長より大きな差異があります。$\frac{1}{2}mv^2$ は向きのないスカラーだし，$m\vec{v}$ はベクトルという大きな違いまで加わっているのです。

■ 今回は特例？

さて，今回はこれらの保存則を両方とも用いて解く現象を扱ってみたいんです。物理の魅力，保存則の威力が凝縮されているのですが，こんなタイプはえてして難問になります。だから，特例ということで，今回だけは居眠りもアリ（笑）。まだそれぞれの保存則が使いこなせない段階の人は，とりあえず聞き流してくれてもいいでしょう。ただし，全講義を通してこんなことは今回だけですよ。

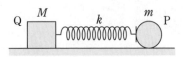

　質量 M の物体 Q にばね定数 k のばねを取り付け，質量 m の物体 P をばねに押し当てて，自然長から l だけ縮めた状態にし，滑らかな水平面上で，両者を静止させ，同時に手をはなす。ばねから離れた後の P，Q の速さを求めよ。

■ ついでながら，軽い（？）質問

　まず，問題に入る前に聞きたいのですが，

「手をはなした直後の P と Q の加速度の大きさはそれぞれいくら？」

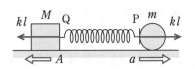

　「加速度」を尋（たず）ねられてあわてるようではマダマダ。……運動方程式 $m\vec{a}=\vec{F}$ で考えればいい。力を調べれば加速度が分かる。「**加速度のことは力に聞け**」これが鉄則です。まず，P は l だけ縮んだばねから kl の弾性力を右向きに受けるから，$ma=kl$ よって，$a=kl/m$ だね。もちろん，向きは右向き。じゃあ，Q は？……ここで迷ってしまう人が多い。

　Q だってばねから kl の弾性力を受けているよ。縮んだばねだから自然長に戻ろうとして，Q には左向きの力を加えている。**ばねの力はいつも両端で発生しているんだ。**いままでは Q 側が壁になっていて，力が働いていても気にならなかっただけ。Q の加速度 A は左向きで，Q の運動方程式 $MA=kl$ から $A=kl/M$ ですね。

　念のために言っておくけど，Q を止めておいて P を左へ動かしてばねを l だけ縮めても，P と Q を同時に動かして（たとえば $l/2$ ずつ）ばねを l だけ縮めても，弾性力 kl に変わりはないよ。要するに，**自然長よりどれだけ縮んでいるか（あるいは伸びているか）でばねの力は決まるんです。**

■ 運動方程式では太刀打ちできない！

　さて，問題に入ろう。「加速度aとAが分かったから等加速度運動の公式だ」なんて思ったら，もう，それまで。アウトです。だって，ばねが自然長に戻るにつれて，ばねの力は弱くなり，加速度も変わっていくでしょ。等加速度運動でなんかありえないんです。だからこそ，保存則なんです。運動方程式では解き切れない。

　Pがばねから離れたときの速さを右のようにv，Vとしよう。この場合は衝突問題と違って，**運動の向きがはっきりしているから，**

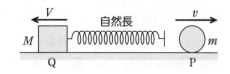

速度でなく，速さで十分。さて，水平面が滑らかで摩擦という外力が働かないから運動量保存則に入れる。分裂のケースですね。はじめ，全体は静止していたから，右向きを正として，

$$0 = -MV + mv$$
$$\therefore \quad MV = mv \quad \cdots ①$$

手慣れた人ははじめから$MV = mv$と書いているでしょう。そのココロは前に話したベクトル和が0だからだね。また，ちょっと質問します。

「このときの物体系って，何と何ですか？」

　「なんでそんな分かりきったことを聞くの。PとQに決まってるじゃない」なんて思っているでしょう。だったら，改めて尋ねるけど，ばねの力が外力として働いているけど大丈夫？……やっと事の重大さに気づいてくれたかな。実は，運動量保存則は「外力＝0」でなくても「外力の和＝0」なら大丈夫なんだ。いまもばねの力は同じ大きさで，左・右逆向きなので，外力としてみても和（ベクトル和）は0でOK。でも，**物体系として，PとQだけでなくばねも仲間に入れておくといいんだ。**もはや，ばねの力はメンバー間の力，内力となって気にならない。それにばねの質量は0なので運動量は常に0で，運動量保存の式には顔を出さないですんでしまう。

力学

2つの保存則

どう？　なかなか奥が深いでしょ。かえって分からなくなってしまったという顔つきの人もいるようだね。寝た子を起こすようなものだったかな。アッ，これ，ことわざですよ。居眠(いねむ)りしてた人まで起こしてしまった(笑)。

■ さらなる保存則

次に，やはり摩擦がないから力学的エネルギー保存則が用いられる。ただし，物体系に対してです。**考えるべきは運動エネルギーと弾性エネルギー**。はじめ弾性エネルギー $\frac{1}{2}kl^2$ があって，自然長に戻るとそれがなくなって，代わりに現れたのがPとQの運動エネルギーですね。
例の「**失われた分**」＝「**現れた分**」という見方。そこで，

$$\frac{1}{2}kl^2 = \frac{1}{2}mv^2 + \frac{1}{2}MV^2 \quad \cdots ②$$

やはり，ばねがどのようにして縮められたかに関係なく，自然長からの縮みが l なら弾性エネルギーは $\frac{1}{2}kl^2$ です。あとは，もう計算だけです。
①の V を②へ代入して，

$$\frac{1}{2}kl^2 = \frac{1}{2}mv^2 + \frac{1}{2}M\left(\frac{m}{M}v\right)^2$$

$$= \frac{1}{2}mv^2\left(1 + \frac{m}{M}\right)$$

$$\therefore \quad v = l\sqrt{\frac{kM}{m(m+M)}}$$

途中，右辺を共通量 $mv^2/2$ でくくると，スムーズに計算できます。これもちょっとしたテクニック。さて，V は①より，

$$V = \frac{m}{M}v = l\sqrt{\frac{km}{M(m+M)}}$$

運動量保存則とエネルギー保存則のコラボレーションでやっと解決できる問題でした。保存則の醍醐味(だいごみ)を味わってもらえたでしょうか。

■ 外力の仕事を尋ねられたら

これで解答は終わりましたが，ついでのことにもう1つ質問。そろそろうんざりかもしれないね。でも大切なことなのです。

> 「はじめ，ばねを自然長から l だけ縮ませる際に，外力のした仕事 W はいくら？」

ここでの外力とは手の力のことで軽い意味。運動量保存のときとは異なる用法です。この質問には次の定理で答えればいい。

外力の仕事＝位置エネルギーの変化

これはエネルギー保存則に基づくものです。人がした仕事が正なら，その分相手のエネルギーを増やす。いまは弾性エネルギーという位置エネルギーです。そこで，$W = \dfrac{1}{2}kl^2 - 0 = \dfrac{1}{2}kl^2$ となる。

Q を止めておいて P を l だけ移動させても，P と Q を $l/2$ ずつ移動させても違いはありません。「やり方が違うのに……信じられない」と思うでしょ。そこがエネルギー保存則のスゴサなんですね。

もしも，物体がばねで天井からつるされて，上下に移動させた場合なら，弾性エネルギーと mgh の和がどう変わったかを調べます。状況に応じた「位置エネルギー」を考えていくんです。

なお，負の仕事の場合も含めて上の関係は成り立っています。ていねいにいうと，静止している物体に外力を加え，静かに移動させた場合の関係です。スピードをもたせれば，運動エネルギーの変化まで含めなければいけません。右辺は「関連するすべてのエネルギーの変化」なのですが，上の関係で扱えるケースが殆どです。

では，もう一段階上の問題へと進みましょう。

　　水平な床上に質量 M の台を置く。
右端 A の近くは水平面となっていて，
そこから高さ h の点から質量 m の小
球 P を全体が静止した状態で放す。
摩擦はどこにもないとし，重力加速
度を g とする。P が A から水平に飛び出すときの速さを求めよ。

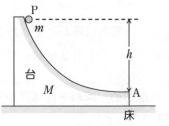

　　台が固定されていれば，P だけの力学的エネルギー保存則で簡単なんで
すが，台も動いてしまうから格段(かくだん)にやっかい。「なーに，たいしたことな
いよ。台上の人に解かせればいいんだ。$mgh = \dfrac{1}{2}mv^2$ から出した v がそ
の人が見た速さでしょ。」などというのは許されない。**保存則は静止して
いる人が扱う**——これが大原則。運動している人が用いてはいけない。ただ
し，次回に話す慣性力の効果まできちんと取り入れれば，ありえないわ
けではないのですが……。いまは深入りは避けましょう。
　　また質問。

「台は左右どちらへ動きますか？　そしてその理由は？」

　　台は左へ動きます。理由は運動量保存則です。とはいっても，鉛直方向
は重力 mg が外力として働いているから使えない。ただ，**水平方向は外力
がないから適用できる。**目を白黒させている人もいるね。運動量保存って
ベクトルの保存則だったでしょ。だから，ある方向だけで適用可能という
ことがあるんですよ。いまは水平方向。はじめ，全体が静止していて，運
動量が 0 だから，P が右へ動けば台は当然左に動
くというわけ。
　　力で考えてもいい。降りてくる途中，P は右の
図のように垂直抗力 N(黒矢印)を受け，台はその
反作用 N(赤矢印)を受けるでしょ。この赤矢印を

分解してみると，左向きの力（赤点線矢印）が現れる。だから台は左へ動くんです。

■ 2つの保存則で斬（き）る

Pが端Aにきたときの速さをv，台の速さをVとしよう。動き方がはっきりしているから，速度でなく，速（・）さ（・）でいい。まず，運動量保存則より，

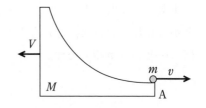

$$MV = mv \quad \cdots ①$$

さて，次なるは当然ながら力学的エネルギー保存則。摩擦がないからね。もちろん物体系に対して扱う。まず目に入るのが，Pが位置エネルギーmghを失ったこと。そして現れたのが，Pと台の運動エネルギー……というわけで，

$$mgh = \frac{1}{2}mv^2 + \frac{1}{2}MV^2 \quad \cdots ②$$

①，②よりVを消去してvを求めるのはもはや時間の問題で，

$$v = \sqrt{\frac{2Mgh}{m+M}}$$

いままでの[問題17，18]を通して言えることは，**滑らかな水平面上で2つの物体が力を及ぼし合いながら複雑な運動をしている**ことです。**こんなときこそ保存則の連立**ですね。慣れてくると，問題文の図を見ただけで見当がつけられますよ。

ところで，エネルギー保存則を"横綱（よこづな）"とすると，運動量保存則はどれくらいの地位だと思う？　相撲（すもう）のランクでいうと？……多分，好意的な人で"関脇（せきわけ）"ぐらいかな。ひどい人は"十両（じゅうりょう）"にしてしまいそうだね（笑）。

いい？　運動量保存則もりっぱな横綱ですよ。**2つの保存則は東西の両横綱。相手が成立するかどうかによらない独立の法則です。**運動量保存則をもっと高く評価してやってください。

入試の範囲を超えてしまうけど,「エネルギー保存則は時間の一様性に基づき, 運動量保存則は空間の一様性に基づいている」のです。

　時間の一様性というのは, 平ったく言えば, 恐竜が生きていた時代も今も同じように時間が流れているということ。空間の一様性というのは, 太陽系でも遠く離れた銀河でも同じ空間が広がっているということ。

　まあ, こんなこと突然言ってみたところで, みんなを煙に巻くだけのことかも知れないけど, なんとなく2つの法則の重要性を感じとってくれれば……という気持ちです。

　今回は肩の凝る話が続いたので, 息抜きに(?)テレビのクイズ番組に登場した問題を紹介して終わろう。

> 「図aとbでは同じばねとおもりを用いています。どちらのばねが長いでしょう?」

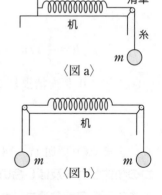

〈図 a〉

〈図 b〉

というもの。その番組の解答者は皆, 図bの方と答えていました。皆さんは大丈夫ですよね! 本当に大丈夫かな?……

　もちろん, ばねの長さは同じです。mg に等しい弾性力が両側で生じているからね。ひっかかりそうな話だなと思って授業で話していたら, なんとセンター試験(今は共通テスト)にまで登場してきました。クイズ番組, 侮り難しですね。

第 9 回

慣性力・円運動
慣性力や遠心力で一刀両断

　力学の問題は，立場を変えて考えると，スパッと薪_{まき}を割るように鮮_{あざ}やかに解けることがあります。今回はそんな話をしましょう。

■ 慣性力を用いるとき

　力学の根っこは，運動方程式 $m\vec{a} = \vec{F}$ でした。$\vec{a}$ は地面に対する加速度。つまり，力学は本来は地面上で静止している人にとってのものです（厳密にいうと，等速直線運動している人までOK）。そこで，加速度運動をしている人が力学を用いるためには，ある配慮が必要になります。それが慣_{かん}性力_{せいりょく}ですね。

　慣性力は，加速度運動する人が物体の運動を見ているとき，考えないといけない力。みんなみたいに静止している人にとっては存在しないので，見かけの力なんていわれています。慣性力の入れ方は……人が加速度αで，図のように右向きに動いているときには逆向き，つまり左向きに**慣性力 $m\alpha$** を入れます。

　私達がそんな観測者になってしまうことがありますね。たとえば，加速している電車の中。床に落ちていたジュースの缶_{かん}がコロコロと後ろにころがっていくのは慣性力のせいです。このように，**慣性力は乗り物の中で起こる現象によく使われます。**　そこで問題。

加速度 α で上昇するエレベーターの中に，長さ l の糸で質量 m の小さなおもり P がつるされている。重力加速度を g とする。

(1) 糸の張力 T はいくらか。そして，糸を切ると P が h だけ下にある床に落ちるまでの時間 t はいくらか。

(2) 糸でつるされた P を，図の点線で示すように，角度 θ の位置で放すとき，最下点でのエレベーターに対する速さ v はいくらか。

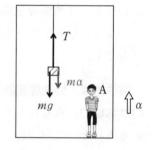

　エレベーター内の人 A を考えます。A さんにとってはおもり P は止まって見えている。だから力のつり合いを考えていくわけだね。力は重力 mg とそれから上向きの張力 T。この 2 つの力しか現実にはないわけです。

　「ただし」なんですね，A さんが見ていると，それだけの力ではすまない。慣性力を入れないとね。いま A さんは上向きに α で運動中。だから慣性力 $m\alpha$ は下向きに働きます。

　慣性力を入れた後は，ふつうの力学のつもりでやればいい。止まっているから，もちろん力のつり合い式を書くわけだね。

$$T = mg + m\alpha \qquad \therefore \quad T = m(g + \alpha)$$

■ なぜ慣性力は $m\alpha$ と表せるのか？

　地上で静止している人にとって，いまの問題はどう解決できるのかを考えてみましょう。P は糸に引かれて加速度 α で上昇している……そこで運動

方程式を立てることになり，$ma = T - mg$ ですね。これから $T = mg + ma$ と求められます。当然ながら T は mg より大きい。さて，Ａさんにとっては Ｐ は静止しているので，$T = mg +$（慣性力）という力のつり合いです。正しい式と見比べれば，（慣性力）は ma とすればいい。つまり，静止している人に教えてもらったのが「ma」という形なんです。**力学の主人公はいつも静止している人なのです。**

■ 慣性力は力のつり合いに限らない

　このあと糸を切った。糸を切るとストンと落ちていくでしょ，Ａさんから見て。一方，地面に立って見てると，糸を切られた後どんなふうにして Ｐ が床に当たるかを，ちょっと想像してもらいたいんだけど。糸をチョンと切ると……。

　多くの人が，Ｐが下へ落ちてきて，エレベーターが上へ上がっていってドンとぶつかる，と思ってしまいがちなんだけど，それはとんでもない誤解ですね。

　何を誤解しているかというと，エレベーターとともに Ｐ も動いていたこと。上昇中に糸を切るから，いきなり下へなんか落ちないよ。Ｐ は上向き速度をもってるんだから，投げ上げ運動を始めますよ。上へ上がっていきます。それをエレベーターの床が追いかけるということなんです。**地面から見てて解こうとすると，こんなふうに両方の動きを考えないといけないから，やっかいなことになります。**上がっていく Ｐ に床が追いつくのか，最高点に達したのち落ちてくる Ｐ に床が当たるのか……。ウーン，悩ましいね。

　そこで慣性力ですね。これを利用すればスパッと終わる。中で見ていると，糸が切られてこの物体は下へストンと落ちていきます。床は止まっているから，単なる落下運動。そのときね，Ａさんが見てる限り，**重力と慣性力は２つとも働き続ける**のです。この２つの合力は $m(g + a)$ となるんだけど，これを重力のように見なしてしまおうというわけです。**２つの力を合わせて１つの見かけの重力 mg' とみる。** $g' = g + a$ ですね，これ

を見かけの重力加速度といいます。

　すると，この g' での自由落下とみればいいというわけです。高さ h だけ落ち，初速はないから，

$$h = \frac{1}{2} g' t^2 \qquad \therefore \quad t = \sqrt{\frac{2h}{g'}} = \sqrt{\frac{2h}{g + \alpha}}$$

　もし，Aさん——体重60kgとしよう——がエレベーター内で体重計に乗れば……体重は増えます。たとえば $\alpha = g$ とすると(非現実的ですが)，目盛りは120kgをさすでしょう。実際，エレベーター内にヘルスメーターを持ち込んで実験した先輩(せんぱい)もいるんですよ。「チョット恥(は)ずかしかったけど，すばらしい体験だった」と言ってました。

　さて，さらなる応用例が次の問(2)。みんな難しそうな顔をしてるね。エレベーターが静止しているときのふつうの振り子ならどう解く？……そう，力学的エネルギー保存則ですね。だったらいまもそうすればいいんです。ただし，mgh は $mg'h$ としておくこと。降りてきた高さ H は $H = l - l\cos\theta$ だから，

$$mg'H = \frac{1}{2}mv^2 \quad \therefore \quad v = \sqrt{2g'H} = \sqrt{2(g+\alpha)l(1-\cos\theta)}$$

　これはずいぶん高度な問題です。でも，「見かけの重力」の立場ならなんてことはないでしょ。アッという間にバサッと一刀両断(いっとうりょうだん)できる。これが慣性力のすごさなんですね。

■ 無重力の世界を実現

　エレベーターを，下向きに加速度 α で動かした場合はどうなりますか？こんどは，慣性力 $m\alpha$ が上向きにかかりますね。見かけの重力は小さくなる。そこまではいいんですが，もし α を重力加速度 g に等しくして動かして見ると……慣性力は重力 mg とバランスをとってしまい，見かけの重力はゼロ。つまり，物が浮いてしまうんですね。無重力状態(むじゅうりょく)とか無重量(むじゅうりょう)

状態とかよんでいます。実質的に重力のない
世界が出現するんですね。

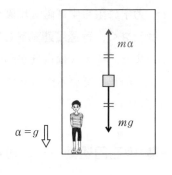

　エレベーターを g の加速度で下向きに動か
すのは簡単で，自由落下させてやればいいん
です。もちろん，まわりは真空にします。実際，
北海道に施設が作られました。廃鉱の立て坑
を利用して，深さ 700 m まで自由落下させる
ものでした。利用が伸びず，閉鎖されたのは

残念ですが……。遊園地の「フリーフォール」で無重力に近い状態を体感
してみるのもいいでしょう。free fall は文字通り自由落下です。

　テレビで見かける無重力状態は，宇宙を別にすれば，飛行機の中で人が
浮いているシーンでしょう。高空でエンジンを切ると……飛行機は放物運
動に入る。飛行機の加速度は？……g ですね。すると慣性力 mg が上向き
にかかるからです。

■ 慣性力を実感する

　慣性力を体験するのは簡単。電車が動き始めたとき，前向きに歩いてご
らん。すっごく歩きにくいよ。加速度が前向き，したがって慣性力が後ろ
向きにかかっているからだね。逆に，ブレーキをかけて止まっていくとき
は慣性力が前向きに働くから，トットットッとつんのめるように歩ける，
というか歩かされる。

　途中にも注意。**電車が等速度運動しているときは，加速度 0 で慣性力が
ないから何事も起こらない。**リンゴを落とせば，真っすぐ下に落ちますね。
それを地面上で静止する人が見たら……そう，リンゴは水平に動いていた
状態で放されるから，水平投射で放物線を描きながら落ちていくんですね。
運動は誰が見るかでまるで違ってしまうのです。

　第 2 回に，弾丸の速さで飛ぶ飛行機内での撃ち合いの話をしたね。あれ
も同じこと。等速度で飛ぶ飛行機内で起こることは，慣性力がないので，
止まっているとき起こることと同じなんですね。

力学に限らず電磁気現象を含め, すべての物理法則は静止している人だけでなく, 等速度運動をしている人にとっても同じ形で成立するんです。つまり, その人は自分が動いているというヒケ目をいっさい感じることなく, 静止しているつもりで, 見た通りに力学, いや, すべての物理を扱っていいということです。

■ 等速円運動……2通りの観点

　等速円運動に入りましょう。半径
r の円周上を一定の速さ v で回るの
が等速円運動です。中心のまわりを
1 s 間に回る角度, 角速度 ω〔rad/s〕
が運動を特徴づける大切な量です
ね。すると1回転する時間, 周期 T は,
2π〔rad〕の回転角から $T = 2\pi/\omega$ と
なります。

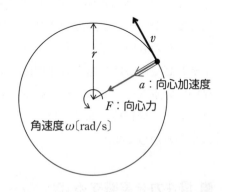

角速度 ω〔rad/s〕
a：向心加速度
F：向心力

　以下の公式の導出は教科書に任せますが, 速さの公式は $v = r\omega$, 速度の向きは軌道の接線方向だから, 円の接線方向です。それから加速度。等速なのに加速度があるんですね。それは速度（ベクトル）の向きがたえず変わっていくからです。加速度は $a = r\omega^2$, あるいは v^2/r で, 向きが大切だね。いつも円の中心方向を向いているため, 向心加速度とよんでいます。すると, 物体には力が働いていて, その力は円の中心を向くということでもある。もともと力学は運動方程式 $m\vec{a} = \vec{F}$ の支配下にあって,「$\vec{a}$ の向き＝$\vec{F}$ の向き」だったからね。中心を向く力だから向心力とよんでいるのです。

　速度と同じ向きの力なら物体を加速し, 逆向きの力なら減速するんですが, 速度（ベクトル）に直角に働く力は加速も減速もせず, ただ速度の向きだけを変えていくんですね。

　円運動はこのように, 向心力と運動方程式を用いて解く方法のほかに, 遠心力を考えて力のつり合いとして解く方法もあります。次の問題を通して見ていこう。

問題 20 等速円運動

半頂角 θ の滑らかな円錐面上を質量 m の小球 P が高さ h の水平面内で等速円運動をしている。P が円すい面から受ける力 N，P の速さ v，周期 T を求めよ。重力加速度を g とする。

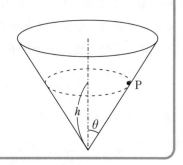

物体に働いている力は，重力 mg と円錐面からの垂直抗力 N ですね。ここで質問。

「これらの2つの合力はどっちを向いてる？」

なんかアラヌ方向を向いているようにも見えるけど，実は，合力は正確に円の中心 O を向きます（図1）。これが向心力です。円運動では向心力という新しい力が働くと思っていないかな。そうじゃなくって，みんなが知ってる重力とか垂直抗力とか，**物体に働いている力すべての合力をつくっていくと，合力は円の中心を向くんです。**だって，$m\vec{a}=\vec{F}$ の $\vec{F}$ は合力だったでしょ。

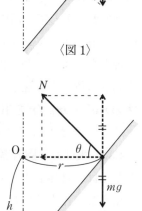

ベクトルの合成をやってみましたけど，先に垂直抗力 N を分解しておくと便利です（図2）。水平面内での運動であって鉛直方向には動いていないから，鉛直方向の力はつり合って，

$$N \sin\theta = mg \quad \cdots① \qquad \therefore \quad N = \frac{mg}{\sin\theta}$$

いわば，鉛直方向の力はキャンセルしてるわけです。合力として残るの

は N の水平方向成分 $N\cos\theta$。これが向心力です。さっきのように平行四辺形をつくると出てくる力なんだけど，N を分解することによって，くっきり浮き立たせることができるのです。

では，運動方程式 $ma=F$ を立てます。$a=\dfrac{v^2}{r}$ を用いて，

$$m\frac{v^2}{r} = N\cos\theta \quad \cdots ②$$

図から $r = h\tan\theta$ であり，上で求めた N を代入して，

$$m\frac{v^2}{h\tan\theta} = \frac{mg}{\sin\theta}\cdot\cos\theta \qquad \therefore \quad v = \sqrt{gh}$$

以上は，みんなみたいに静止している人が見たときの認識ですね。

■ 遠心力を用いてみると

次は，遠心力を考えて解いてみましょう。円運動では円の中心 O を押さえることが第一歩です。そして，円の中心 O から外向きに遠心力を入れておく（図3）。円心力なんて書かないようにね。円の中心から遠ざかる向きに働くから遠心力なのです。**遠心力は $mr\omega^2$ か mv^2/r を用います。**

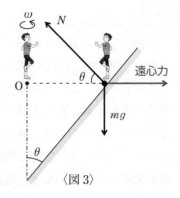

〈図3〉

こうすると力のつり合い問題に入れる。それは，**実はある観測者を考えている**わけ。たとえば，物体 P と一緒に動いている人。この人にとっては P は止まって見えます。あるいは，円の中心 O で自転している人でもいい。P と同じ角速度 ω でグルグル自転している人。こういう人達から見ると，P は止まって見える。だから力のつり合いに入るんです。遠心力は見かけの力で，慣性力の一種なんですね。

まずは鉛直方向でのつり合いから，前の式①が出ます。次は水平方向に目を向けて，左向きの力は N の分解からくる $N\cos\theta$。それが右向きの遠心力に等しいんですね。それで式②が出ます。鉛直と水平に分けました

が，等速円運動では遠心力を入れると，任意の方向で力のつり合いが成り立ちます。斜面方向で考えてもいい。向心力による解き方より自由さがあるんですね。いまの場合は鉛直・水平に分けた方が，N 1つの分解ですむから便利なだけです。

「静止している人にとっては向心力による円運動，それで運動方程式に入る。一方，物体とともにグルグル回っている人にとっては遠心力による静止，それで力のつり合いに入る」というわけです。難しい問題になると遠心力の方が解きやすいですから，ぜひ遠心力に慣れてほしいのです。

遠心力は実感できる力です。車がカーブするとき，横向きに（半径方向外向きに）押しやられるのは遠心力のせいだし，遊園地に行けば，遠心力を利用した乗り物でいっぱいだね。回転するティーカップとか，**自分自身が回転している物体かつ観測者**なのです。今度行ったら大いに遠心力を感じとってみよう！

あとは周期 T。$v = r\omega$ で ω を求めて $T = 2\pi/\omega$ とする手もあるけど，1周 $2\pi r$〔m〕を円弧にそって1秒間に v〔m〕ずつ進むから，$T = 2\pi r/v$ です。「距離」÷「速さ」は「時間」といってるだけ。等速円運動の速さ v は，1秒間に進む円弧の長さなんです。そこで，

$$T = \frac{2\pi r}{v} = \frac{2\pi h \tan\theta}{\sqrt{gh}} = 2\pi\sqrt{\frac{h}{g}}\tan\theta$$

わかりましたか。等速円運動は非常によく出る問題だからね，ぜひマスターしてください。早く遠心力を使いこなしたいね。

大分昔のことになりますが，知人から遊園地で不思議な体験をしたという話を聞きました。「円筒形の部屋に入れられ，壁際に立たされると，部屋が回転し始めた。やがて床が抜けるというか，下へ落ちて行ってしまった。ゾッとしたよ。でも体は壁に貼り付いたまま

空中に留まっていた。一体どういうことなんだろう」…皆さんならどう答えますか？

....

　今回の講義で，しかもこのタイミングだからね……。迷うことはないでしょう。「それは遠心力のせいですよ」と言ってみました。その知人は文系の人でしたが遠心力という言葉は知っていて「やはりそうなんだ」と納得してくれたので，ホッとしました。

　「でも，遠心力は水平方向の力でしょ。鉛直方向の重力を支えることはできないのでは？」と問われるとヤッカイだなと思っていたからね。で，こんどはどう答えますか？「遠心力で串刺しになっている」では物理とは言えないですよ。

....

　壁に接触していることが鍵ですね。「静止摩擦力 F で止まってる」……そうです。かなりいい線まで来ました。あとはなぜ回転を速める必要があったか，ですね。角速度 ω を増すと……遠心力 $mr\omega^2$ が増す。そして……水平つり合いから垂直抗力 N が増す。……もう解決は目と鼻の先です。……最大摩擦力 μN が増すからなんですね。$mg = F \leq \mu N = \mu m r \omega^2$ となる ω なら OK です。もちろん安全を考えて

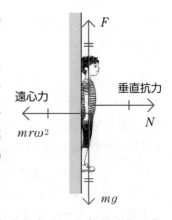

ω はかなり大きくしていることでしょう。言うまでもないことだけど，止めるときは床を元へ戻してから回転を止めていきます。また，粗い壁だったはずです。それにしても，この装置を思いついた人のアイデアに感心！

■ 鉛直面内の円運動

　では，等速でない円運動に進みましょう。角速度 ω はもはや一定ではなく，事実上役に立たなくなりますが，遠心力 mv^2/r は用いることができるのです。

問題 21　鉛直面内の円運動

長さ r の糸に質量 m の小球 P を結び, 糸を水平にして点 A で静かに放す。最下点 B を通るときの糸の張力 T はいくらか。また, P を 1 回転させるためには, 点 A で鉛直下向きに初速を与えればよい。その最小値 v_0 を求めよ。重力加速度を g とする。

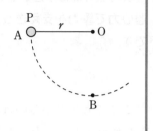

まず, $T = mg$ とするのは典型的な誤答。ドキッとした人がいるね。遠心力を入れてはじめて力のつり合いでしょ。そこで, 点 B での速さを v_B として,

$$T = mg + m\frac{v_B{}^2}{r}$$

$$= mg + 2mg = 3mg$$

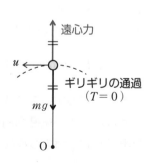

v_B は力学的エネルギー保存則 $mgr = \frac{1}{2}mv_B{}^2$ から $v_B = \sqrt{2gr}$ と求めています。遠心力は重力より 2 倍も大きいんですね。というわけで, 絶対に遠心力を入れ忘れないように。これは頻出もいいところで, しかもできがよくない問題です。

■ 1 回転させるためには

次は 1 回転させたいという話です。それには, 最高点をなんとか回れればいい。**よくある間違いは, 最高点は速度 0 ですむという答え。**それだったら重力で下へ落っこちてしまいますよ。バケツに水を入れてブン回したことがあるでしょ。そのとき最高点で速度 0 にしてみた?

実際，止めてみると頭が冷えていいかもね（笑）。

　最高点ではある速さ u が必要です。それは，遠心力で重力を支えきっちゃおうというわけです。

$$m\frac{u^2}{r}=mg \qquad \therefore \quad u=\sqrt{gr}$$

　ここで考えているのはギリギリの，張力が0のケースです。もっと速い分には大丈夫。速くなると，遠心力がギュンと大きくなって糸をピンと張った状態にします。u は落とせる最小のスピードです。

　あとは力学的エネルギー保存則で，点Aと最高点の間をつなげばいい。

$$\frac{1}{2}mv_0^2+mgr=\frac{1}{2}mu^2+mg\cdot 2r$$

u の値を代入して，　　　　$v_0=\sqrt{3gr}$

■ 等速円運動との違いをしっかりと

　つけ加えておくべきことがあります。いま扱っているのは等速ではない円運動です。遠心力を入れたとき，等速円運動だと完全な力のつり合いになったけど，等速でない場合は，力のつり合いは半径方向だけに限られてしまうんですね。たとえ鉛直たりともダメ，水平もダメ，もう半径方向でしか力のつり合いが成り立たない。

　そこで右図のような場合は，重力を分解して半径方向成分を出します（点線矢印）。力のつり合いの式は，

$$T=mg\cos\theta+m\frac{v^2}{r}$$

　速さ v は力学的エネルギー保存則から求められます。鉛直面内の円運動を解く鍵は2つですね。「遠心力を用いた半径方向の力のつり合い」と「力学的エネルギー保存則」です。どちら

かだけで解けることもあるし，時に
は連立させて解くこともあります。

さて，1回転の条件を満たしてい
ないときは，θ が 90° より大きい
ある位置で糸がゆるみます。その
ときは $T = 0$ で調べます（v は 0

◎ 鉛直面内の円運動
$\Bigl\{$ 遠心力を考えて
　　　半径方向での力のつり合い
　力学的エネルギー保存則

ではないゾ！）。「糸がゆるんだ後の運動は？」……そう，放物運動ですね。
初速度はそのときの v で，向きは円の接線方向です。

滑らかな円筒面を物体が滑って回るケー
ス（右図）も同じ状況です。重力があって，
面からの垂直抗力 N は，接線（正確には接
平面）に垂直に働くから円の中心を向くね。
この N が，さっきの張力 T と同じ役割を果
たします。だから両者はまったく同じ問題
なんです。

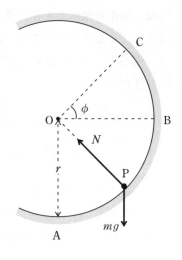

まあ，これはパチンコの力学ですね。1
回転の条件もさっきと同じく，最高点で遠
心力が mg 以上になっていればいいんです。

そうそう，パチンコをやってる連中に限って，最高点では速さ 0 とかやっ
てくれるんだ。止まってしまったら，その後は自由落下で真下に落ちるは
ずでしょ。すると，そこには玉を入れるべき穴が用意されているから，チー
ン・ジャラジャラと止めどなく玉が出せるはずなんだ。けれど実際には，
途中で円筒面からはずれてしまうんですよ。パチンコをやってることがま
るで活きてないんだから，少し情けないね（笑）。

さて，最後に1つ問題を出してみます。

「最下点 A から打ち出された小球 P が円の中心 O と同じ高さの点 B を越え，∠BOC＝φ となる点 C で円筒面から離れたとします。点 C で離れるときの速さ v_c を φ，r，g で表してみてください」

　　面から離れるのは，垂直抗力 N が $N=0$ となるときです。もともと N は接触があってはじめて出現できる力でした。接触しなくなると，なくなる力だからね。面から離れるとか，面から浮く問題はすごく点差がつくので要注意。そこで，遠心力 mv_c^2/r を考えて，半径方向のつり合いより，

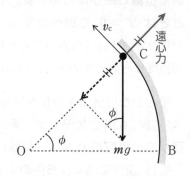

$$m\frac{v_c^2}{r}=mg\sin\phi$$

$$\therefore\quad v_c=\sqrt{gr\sin\phi}$$

　このように v_c が分かると，次は，点 A での初速はいくらだったかと話がつながっていきます。力学的エネルギー保存則を用いればいいんだね。さあ，これでもう恐いものなしになったはずですよ。

第10回 単振動

復元力のなせるわざ

　力学を山にたとえると，単振動は山の頂上に位置するものですね。それだけに大変だけど，頑張って登りきってみようではありませんか。しっかり汗をかいてもらうから，覚悟！

■ 単振動は等速円運動の親戚

　「単振動ってどんな運動？」と問われて，「ばねに結ばれたおもりの振動」と答えるようではマダマダですね。**単振動，それは等速円運動の正射影に当たる運動です。**次ページの図のように，等速円運動をしている物体に，平行光線を左側から当てたときの，スクリーン上での影の運動が単振動。もちろん，物体がこの影のように直線上（x 軸上）で振動しているわけです。等速円運動を真横から見たときの運動といってもいいでしょう。

　円の中心に対応する点 O を振動中心といい，**中心と端との間隔 A を振幅**といいます。振幅は円運動の半径に等しいことは見ての通り。半径なら r としたいところだけど，振幅は amplitude だから A としてるんです。

　1 回振動してもとの状態に戻るまでの時間が周期ですが，等速円運動の周期と同じ。だから $T = \dfrac{2\pi}{\omega}$ は単振動でも引きつがれる式です。ただ，角速度 ω は，単振動では角振動数と名前だけ変えます。変えなくてもいいのにね。要するに，**単振動は等速円運動の親戚**なんですね。

　世の中の振動がすべて単振動だというわけではないんですが，単振動になることは多く，振動問題の中核となる運動です。

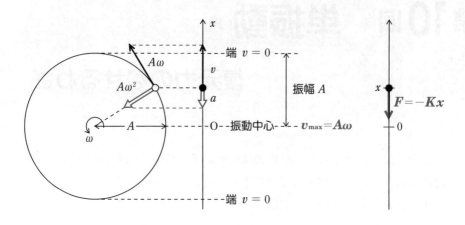

単振動の速度ベクトルも，等速円運動の速度ベクトルの正射影になっています。等速円運動では，速度の向きは円の接線方向で，速さは $r\omega$，おっと，いまの場合は $A\omega$ に等しく一定だったね。単振動の速度 v の方は変化します。上の図は動かないけど，想像力で動かして補ってみてください。

単振動の中心の位置に注目。**振動中心で最大の速さ $v_{\max}$ になります。**ちょうど $A\omega$ と等しくなって，$v_{\max}=A\omega$ です。これ，意外に知られていない公式だけど，大いに役立ってくれます。それから単振動の両端にも注目。**端の位置では速度が 0 になる。**まあ，折り返し点だから当然だけどね。

次は加速度へいこう。等速円運動の加速度は向心加速度で，大きさは $r\omega^2$，いや，いまの場合は $A\omega^2$，いつも中心を向いていたね。やはり正射影が単振動の加速度 a になります。a は変化していくから，**単振動の問題では，絶対に等加速度運動の3つの公式は持ち出さないように。**いいですね。a の大きさは変化していくけど，向きはいつも振動中心 O を向いていることにも注意してください。

■ 単振動を起こす力は特別なタイプ

単振動はこんなふうに加速度のある運動だから，運動方程式 $m\vec{a}=\vec{F}$ を考えてみる。すると，「加速度 $\vec{a}$ のあるところには力 $\vec{F}$ あり」というわけで，物体に単振動をさせるためには力が必要です。加速度の向きが力の

向きだから，力はいつも振動中心を向いています。運動方程式の力 F は，もちろん合力^{ごうりょく}です。

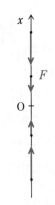

もう少しくわしく力の性質を調べてみると，**単振動が起こるためには，合力 F は $F = -Kx$ という形になって**いる必要があるんです。K は正の定数で，x は振動中心 O を原点とした物体の位置座標。物体が正の位置 x にくると F はマイナスとなり，中心 O へ戻そうとする力です。負の位置 x だと F はプラスとなり，やはり中心 O を向く力なんです。しかも力の大きさは，中心 O からの距離に比例して大きくなっていく。こういう力を「**変位に比例する復元力**^{ふくげんりょく}」といってるけど，それを確かめると単振動といえます。

単振動が起こるかどうか分からない複雑な問題では，まずこれをめがけるからね。合力 F をつくって $-Kx$ となるかどうか。k と書かなかった理由は，単振動というと，みんなすぐばね振り子^こを思い出して，ばね定数だと思い込みがちだから。ばねに限らないのです，単振動は。

> ターゲットは $-Kx$ の力

いろんな単振動があり得るから，ここはワザワザ「ばね定数じゃないゾ」という気持ちを込めて，K と書いているんですね。もちろん，ばね振り子なら K はばね定数 k になりますけどね。

さて，単振動の振動中心 $x = 0$ は力のつり合い位置だということが大切。$F = -Kx$ に $x = 0$ を入れると合力 $F = 0$ だから，それは力のつり合い位置でしょ。

単振動が起こるかどうか調べるときは，**まず力のつり合い位置を探^{さが}します。**そこが振動中心になるはずだから。そしてそこを座標原点 $x = 0$ として x 軸をセットし，物体が位置 x にいるときの力 F を調べ，$F = -Kx$ になることを確かめる——という手順をとるわけですね。

■ 比例定数 K が周期を決める

この $-Kx$ までくれば，すぐ周期 T が決められます。この K を使って，$T = 2\pi \sqrt{\dfrac{m}{K}}$ としていい。　そう，このようにダイレクトにもってきていいんです。回りくどいことをする必要はありません。そして，周期 T の利用法としてはですね，振動中心と端の間を移動する時間は $T/4$ ということを押さえておいてください。等速円運動では 90° 回転になっているからだね。

ばね振り子では，K がばね定数 k になります。$T = 2\pi \sqrt{\dfrac{m}{k}}$　この公式のほうがずっと有名だね。でも，本家本元である $T = 2\pi \sqrt{\dfrac{m}{K}}$ の価値をもっと認めてやってほしいものです。

■ 単振動のエネルギー保存則

教科書には書かれていない応用的な話を少し加えておこう。

合力 $F = -Kx$ に対して，位置エネルギー U を考えることができます。単振動の位置エネルギーとか合力の位置エネルギーとよんでるけど，$U = \dfrac{1}{2}Kx^2$ です。x は座標でしたが，x^2 なので，事実上，振動中心からの距離を用います。導出の仕方は，ばねの弾性エネルギーと同様です。というか，実は計算するまでもないんだ。力の大きさ Kx が弾性力 kx と似ているだけでなく，力の向きも 1 点（単振動の中心と自然長位置）を指すでしょ。こういう考え方を「類推（アナロジー）」といいますが，とても大切なことです。そこで，単振動のエネルギー保存則は，

$$\frac{1}{2}mv^2 + \frac{1}{2}Kx^2 = 一定$$

比例定数 K が決まれば，周期 T が分かるだけでなく，任意の位置 x での速さ v まで求められるということです。

話がだいぶ長くなってしまったから，要点をまとめておこう。

単振動

単振動 $\Longleftrightarrow F_{合力} = -Kx$（$K$ は正の定数）：変位に比例する復元力

振動中心（$x=0$）は力のつり合い位置　$v_{\max} = A\omega$

周期　$T = 2\pi\sqrt{\dfrac{m}{K}}$：中心と端の間は $\dfrac{T}{4}$

単振動の位置エネルギー　$U = \dfrac{1}{2}Kx^2$

（x は振動中心からの距離）

■ 問題を解くときの考え方

　単振動の問題を解く流れを押さえておこう。まずは物体が静止できる位置を考えます。つり合い位置です。そこが振動するときの中心ですよ，といっているのです。「まず，つり合い位置を探せ」だね。

　つり合い位置で静止している物体を振動させるには，たとえば手でギューっと引っ張って静かに放します。初速は0。速度0ははじめに話したように，単振動の端の位置だったね。中心から引っ張って，ある位置で放す。これは非常に多いシチュエーションです。ある点で静かに放した……「あっ，ここが端だな」とパッと思えるようにね。

　そして，中心と端との間の間隔こそ振幅 A でした。つまり，引っ張った距離がそのまま振幅 A なんだ。振幅 A が押さえられたといっても，みんな「あっ，そう」と涼しい顔をしているんだけど，実は運動の範囲が決まっちゃうんですよ。単振動は中心をはさんで対称的だから，この A の分だけ反対側へも行けるよ，そこがもう一方の端だよ，と言ってるんです。もっと感動してほしいところなんだけどね。とにかくそんなことを頭に置いて，

> つり合い位置が
> 振動中心
> 放した位置が
> 端

問題を解いていくことになるのです。

　一言(ひとこと)つけ加えておくと，端で放された物体は復元力で加速されてスピードアップし，振動中心を通り過ぎてしまう。すると，こんどは復元力がブレーキの役割をして，物体はもう一方の端で止まる。そのくり返しなんだね。**復元力こそ振動を起こす犯人なんだ。**振動中心で速さが最大になることも理解できるでしょ。

■ ばね振り子……何といっても単振動のチャンピオン

　さて，単振動の代表，ばね振り子について見ていこう。

　周期 T は $K=k$ のケースで，$T = 2\pi\sqrt{\dfrac{m}{k}}$　ばね振り子が，水平であろうと鉛直であろうと斜面上へ置かれようと，**周期 T は変わらないのです。**

　くわしくいうと，**ばねの力の他(ほか)に一定の力が加わっても周期が不変なんです。**

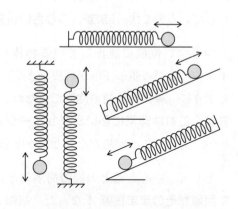

　たとえば鉛直ばね振り子なら，ばねの力の他に重力 mg がかかりますが，つり合い位置では，ばねの力と mg がいわばキャンセルしている。そこから x だけずれると，ばねの力が kx だけ変わる。それが合力として残る——符号を含めて $F = -kx$ になるというわけです。

　我ながらシンプルにして完全な説明だと思いますが(笑)，これだけ聞いて，「なるほどね，斜面上だろうがなんだろうが，$F = -kx$ で，周期は変わらないんだ」と納得(なっとく)できた人は，かなりの実力の持ち主でしょうね。

■ ばね振り子のエネルギー保存則は 2 通り

ばね振り子のエネルギー保存則,

運動エネルギー＋位置エネルギー＝一定

の立て方は 2 通りあるんですが,まず,スタンダードな方から話そう。

鉛直ばね振り子などでは,ばねの力の他に重力が働いているから,弾性エネルギー$\frac{1}{2}kx^2$ の他に,重力の位置エネルギー mgh を用意します。力が 2 つあるから位置エネルギーも 2 つなんだね。弾性エネルギーは,自然長位置からの距離(伸び,縮み)x を用いるんだったね。それでこんな形になります。

◉ **方法 I** ……　$\dfrac{1}{2}mv^2 + mgh + \dfrac{1}{2}kx^2 = $ **一定**

実は,これは以前にも話したことですよ(p. 73)。物体が単振動をしているという知識は,まったく使っていません。

もう 1 つの方法は,単振動なんだから,さっき話した単振動のエネルギー保存則を用いようというわけです。**単振動の位置エネルギーは,$K = k$** のケースで $\dfrac{1}{2}kx^2$ です。x は振動中心からの距離です。いいですか,**弾性エネルギーとは似て非なるもの**だからね。これは,ばねの力と重力の合力がつくり上げた位置エネルギーなんだ。

◉ **方法 II** ……　$\dfrac{1}{2}mv^2 + \dfrac{1}{2}kx^2 = $ **一定**

多くの場合,II の方が計算がやりやすいんです。 2 つの方法はしっかり区別して使ってください。とくに x の測り方に注意。生兵法はケガのもとだからね。

そういえば,だいぶ昔のことになるけど,河合塾の模試でばね振り子が出題され,解説集には II の方法だけの解答が書かれたことがありました。

そしたら，いっぱいクレームが来たんです。mgh が入ってないから間違いだろうって。大きな声では言えないけど，中には高校の先生からのものもありました。以来，必ず2つの方法で解説するようになりました。

　前置きが長くなってしまったね。お疲れさま。ひと休みしてオーバーヒートした頭を冷やしてください。そして問題へ入りましょう。

問題 22　単振動

　天井からつるされた自然長 l_0，ばね定数 k のばねに質量 m の P を取り付け，そのまま自然長の位置で P を放す。
次の量を求めよ。重力加速度を g とする。
(1) ばねの長さが最大になるまでの時間 t
(2) ばねの長さの最大値 l
(3) P の速さの最大値 v_{max}
(4) 最下点での P の加速度の大きさ a

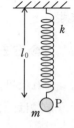

---

(1)　おもりを放した自然長位置 B が端だよ，と暗に言ってるわけですね。それでズーっと下がってきて，ばねの長さが最大になるのは，もちろん下の端 C へ来たとき。**端から端までは半周期で行ける**から，

$$t = \frac{1}{2}T = \frac{1}{2} \times 2\pi\sqrt{\frac{m}{k}} = \pi\sqrt{\frac{m}{k}}$$

(2)　これはできの悪い問題ですね。まずは振動中心 O をおさえたいんです。それは力のつり合いで調べればいい。ばねの力と重力 mg

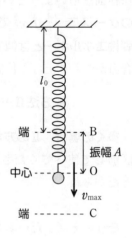

のつり合い。P がジイーッと静止している状態を思い浮かべて式を立てるといいよ。この場合，ちょうど振幅 A がばねの自然長からの伸びになっ

ている。そこで，

$$kA = mg \qquad \therefore \quad A = \frac{mg}{k}$$

A さえ決められれば，ばねの長さが最大となるのは，Pが下の端Cに来たときで，振動中心OからAだけ下，つまり，ばねは自然長位置Bから$2A$だけ伸びるわけですよね。だからばねの長さの最大値lは，もともと自然長がl_0あるから，

$$l = l_0 + 2A = l_0 + \frac{2mg}{k}$$

この問いは，エネルギー保存則で解くこともできます。方法Ⅰでいこうか。Cでのばねの伸びをxとし，Cをmghの基準としてBとCを結ぶと，

$$0 + mgx + 0 = 0 + 0 + \frac{1}{2}kx^2 \qquad \therefore \quad x = \frac{2mg}{k}$$

$$\therefore \quad l = l_0 + x = l_0 + \frac{2mg}{k}$$

エネルギー保存で解く人の方が多いね。だけど，振幅から求めていった方がずっと楽でしょ。しかも振幅を決めておくといろいろ便利なことがあって，その次の問題も簡単に解けます。

(3)　振動中心Oで最大の速さとなります。Pの速さの最大値$v_{\max}$は，振幅Aが分かったから$v_{\max} = A\omega$で片づいてしまう。$\omega = \sqrt{\dfrac{k}{m}}$ ですが，覚えていない人は次のように変形すればいいでしょう。

$$v_{\max} = A\omega = A\frac{2\pi}{T} = \frac{mg}{k}\sqrt{\frac{k}{m}} = g\sqrt{\frac{m}{k}}$$

これもエネルギー保存則で解くことができるよ。方法Ⅰでやってみると，こんどは振動中心Oを重力の位置エネルギーの基準にしてみよう。**重力の位置エネルギーはどこを基準にしてもいいからね。**

$$0 + mgA + 0 = \frac{1}{2}mv^2_{\max} + 0 + \frac{1}{2}kA^2$$

左辺は B での，右辺は O でのエネルギー。O でのばねの弾性エネルギーは，自然長から A だけ伸びているから $\dfrac{1}{2}kA^2$　弾性エネルギーを用いるときは，自然長からの伸びを用意すること。

振幅 A を代入して解けば，

$$\frac{m^2g^2}{k}=\frac{1}{2}mv_{\max}^2+\frac{m^2g^2}{2k}\qquad\qquad\therefore\quad v_{\max}=g\sqrt{\frac{m}{k}}$$

方法 II でやってみると，振動中心 O からの距離に注目して，

$$0+\frac{1}{2}kA^2=\frac{1}{2}mv_{\max}^2+0\qquad\qquad\therefore\quad v_{\max}=A\sqrt{\frac{k}{m}}=g\sqrt{\frac{m}{k}}$$

II の方が計算が速いでしょ。身につけるとグンとパワーアップできるよ。たとえば，BO（あるいは OC）の中点での速さ v が求めたければ，

$$0+\frac{1}{2}kA^2=\frac{1}{2}mv^2+\frac{1}{2}k\left(\frac{A}{2}\right)^2\quad\therefore\quad v=\frac{A}{2}\sqrt{\frac{3k}{m}}=\frac{g}{2}\sqrt{\frac{3m}{k}}$$

どう？　すっきりしてるでしょ。ただし，**II では振動中心 O からの距離を使うこと，mgh は絶対に登場させないこと**。特効薬というのは，正しく使わないと危険なものだからね。

(4)　$ma=F$ を用いればいい。つまり，「**加速度のことは力に聞け**」でしたね。合力 F は中心 O からの変位に比例する復元力で，点 C では上向きに kA の大きさだから，加速度も上向きで，

$$ma=kA\qquad\qquad\therefore\quad a=\frac{kA}{m}=g$$

加速度と力は兄弟みたいな関係なんですね。東大で出た問題で「**加速度が 0 になる位置を求めよ**」というのがありました。途方に暮れる人が多かったのですが，**合力が 0 になる位置**と読みかえれば，何のことはない，力のつり合う位置のことに過ぎませんね。

「……大学で出た」とか言うと，ボンヤリ聞いていた人がハッと気を取り直すんですね。で，こちらもときどき刺激剤として使わせてもらっています（笑）。

「Ⅱの方法はどうもチンプンカンプンで……」という人もいるでしょう。でも，とりあえず，使い方だけ知っておいてください。使っているうちに，いつか分かる時がくるものです。

■ 単振り子

長さ l の糸に結ばれたおもりが小さな振幅で揺れているときは単振動になります。その周期 T は $T = 2\pi\sqrt{\dfrac{l}{g}}$ 円弧に沿っての運動だから，**重力 mg の接線方向の成分（図の赤矢印）が復元力になること**，しかも $-Kx$ と表されることから出てくる公式だけど，細かいことは教科書に任せよう。ここでは，$2\pi\sqrt{m/k}$ も $2\pi\sqrt{l/g}$ も，実は $2\pi\sqrt{m/K}$ から派生したものであることを強調したいんです。

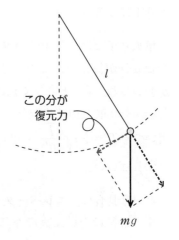

l

この分が復元力

mg

今ではすっかり見かけなくなった振り子時計ですが，進み遅れは長さ l で調整したものです。「遅れるときはどうすればいいの？」——えーと……チック・タックという周期を短くしてやればいいから，長さ l を短くしてやるんですね。

さて，ちょっと質問しよう。

> 「**いま，エレベーターがある一定の加速度 α で上昇しているとします。ばね振り子と単振り子を天井からつるして振動させると，それぞれの周期はどうなる？**」おもりの質量はいずれも m，ばね定数は k，糸の長さは l とします。もちろん，エレベーターの中で見ての話です。

単振動と慣性力の融合問題です。慣性力の入れ方は，観測者の加速度の向きと逆向きだったね。ばね振り子の場合，ばねの力の他に一定の力がか

かっても，周期に影響しないって言ったでしょ。この場合，重力 mg と慣性力 $m\alpha$ が下向きに働き，2つを合わせた"見かけの重力"mg' は一定というわけ。

だから周期は変わらず，やはり $2\pi\sqrt{\dfrac{m}{k}}$ のままなんだ。ただ，振動中心はエレベーターが静止しているときより下になるけどね。

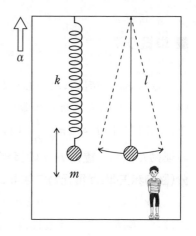

単振り子では，見かけの重力 mg' の接線成分が復元力になるのだから周期が変わるね。手っとり早く求めるには，"見かけの重力加速度"$g'(=g+\alpha)$ を用いて，$T'=2\pi\sqrt{\dfrac{l}{g'}}=2\pi\sqrt{\dfrac{l}{g+\alpha}}$ とすればいい。

という具合に，エレベーターの中での2つの振り子は，大いに違ってきます。最後はだいぶ高度な話になってしまいました。脳ミソがグチャグチャになった人もいるようだね(笑)。いまのところは気にしないでいいでしょう。

さあ，これで力学の山の頂上にまで達しました。その先に見えてくるのは，広大な空であり，宇宙です。次回は宇宙を支配する力，万有引力の話です。

第11回 万有引力

宇宙を支配する法則

　ニュートンはすべての物体は引き合うという**万有引力の法則**を発見しました。リンゴが落ちるのも月が地球の周りを回るのも，すべては地球の万有引力のなせるわざだ，と見抜いたのです。

　万有引力 F は2つの物体の質量 m_1，m_2 の積に比例し，距離 r の2乗に反比例します。r は物体の中心間の距離で，万有引力は2つの物体が近づくほど強く，離れるにしたがって弱くなるのです。

万有引力

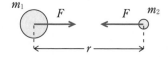

万有引力の法則 $\quad F = G\dfrac{m_1 m_2}{r^2}$

※ 2つの力の大きさ F が等しいのは，作用・反作用の法則による。

※ 球体の場合，質量は中心の1点に集まっているとしてよい。

　でも，隣りに座っている人から引っ張られているなんてとても思えないでしょ。それは万有引力定数 G が非常に小さいからです。**万有引力が問題になるのは，2つの物体のうち少なくとも1つが天体のときですね。**天体のもつ巨大な質量が必要なんです。

　月や火星に探査機を送り込めるのは，万有引力の法則と運動方程式のお陰です。

　問題を分類すると 3 つのタイプになります。下の図の中にすべて押し込めてしまったんだけど，まず A のタイプからいきましょうか。質量 m の物体に働く重力 mg の問題。**mg は本来，地球が引っ張る万有引力なのです。地球の全質量 M は中心 1 点に集まっていると思っていいです。**物体間の距離は地球半径 R に該当するから，これを使って万有引力の法則を書いてやれば，

$$mg = G\frac{Mm}{R^2} \qquad \therefore \quad g = \frac{GM}{R^2}$$

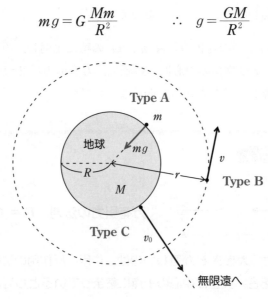

　重力加速度 g は，m によらない一定値で，地球の質量と半径で決まってくるんだね。月の上なら，月の質量と半径を用いて，g の値は地球の 1/6 になります。月面上の重力は 1/6 ということです。**質量 m は不変，でも重力 mg，つまり"重さ"は天体ごとに違ってくるんだね。**

　実は，g と G は実験室で測定でき，R は測りやすい量で，ギリシアの時代からかなり正確な値が知られていたぐらいだから，上の式から地球の質量 M が分かった，というのが歴史的な話です。スゴイでしょ。地球をはかりにのせるわけにはいかないのに質量が分かったんだから。

さて，mg を一定と思っていいのは地表近くのこと。いわば，地面が平面と見なせる範囲でのことです。「地表から高さ h の位置での重力加速度 g' は？」と問われたら，地球中心からの距離を $R+h$ にすればいいから，$g' = GM/(R+h)^2$　実際，エベレストの上では重力加速度は少し小さくなっていますよ。

次は B のタイプへいこう。地球の周りを回る人工衛星の運動。**万有引力による等速円運動**だね。半径を r，速さを v としよう。遠心力を考えると力のつり合いだから，

$$m \frac{v^2}{r} = G \frac{Mm}{r^2}$$

これは，運動方程式 $ma = F$ だと思ってもいいよ。$\frac{v^2}{r}$ が向心加速度 a の部分だね。あとは，速さを出せとか周期は？　とかいう話が続くのは，等速円運動のところで見た通り。

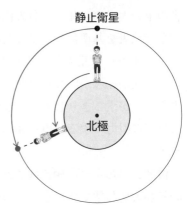

最近目立つのは**静止衛星**の出題ですね。放送衛星や気象衛星が活躍しているからでしょう。もちろん，「静止して見える」ということは，**赤道上空にあって，地球の自転に合わせて回る，つまり，周期が 1 日の衛星**のことだね。とはいっても，そんな軌道は 1 つしかないんだから，各国とも場所取り争いで大変なんですよ。

最後に C のタイプ，脱出速度（だっしゅつ）という話に進みましょう。ロケットを発射する。初速が遅いと，やがて万有引力で止められ，引き戻されて落ちてきちゃいますが，初速を速くしていくと，ロケットはより遠くまで到達できるようになる。さらには，無限遠（むげんえん）まで飛んでいける。この無限遠まで飛ぶために必要な速さ v_0 が，脱出速度とか**第 2 宇宙速度**とよばれるものです。それを出すには……力学的エネルギー保存則「**運動エネルギー＋位置エネルギー＝一定**」を用います。

この場合，mgh はもう通用しないよ。mgh は mg が一定とみなせる

地表近くのこと。いいかえれば，地面を平面としていいときのこと。地球が丸く見えるような話の際は，

$$
\text{万有引力の位置エネルギー } U = -\frac{GMm}{r}
$$

を用いなければなりません。r は地球中心からの距離。そこで，

$$
\frac{1}{2}mv^2 + \left(-\frac{GMm}{r}\right) = \text{一定}
$$

万有引力の位置エネルギーは，ちょっと変わった形をしてるね。**マイナスがついてくるのは，無限遠点を基準にしたからなんだ。**地球から離れるほど（高いところほど）位置エネルギーは大きくなっていくんだけど，最大になる無限遠点を 0 にしたからなんだね。まだ分からないって？　mgh の場合でいえば，東京スカイツリーのてっぺんを基準にしたようなもの。世の中の大半の物体が，負の位置エネルギーをもつことになるでしょ。

　なぜ地表を基準にしなかったのか疑問に思うでしょうね。そうすれば位置エネルギーは正の値で扱えるんだから。だけど，地球半径 R が入ってきて，式がやっかいな形になるんですね。そこで，マイナスぐらい我慢しよう，式がすっきりしてた方がいい，となったわけです。なお，式の導出には万有引力のする仕事を調べるのですが，積分を用いるので，結果オーライ。

　位置エネルギーの値自体はどうでもいいんで，2点間の位置エネルギーの差が大切な量です。それは基準の取り方にはよりません。力学的エネルギー保存則の両辺に現れる位置エネルギーも，結局はその差だけが残っていくでしょ。

　では，脱出速度に戻って，出発点（地表）と無限遠点を結んでみよう。

$$
\frac{1}{2}mv_0{}^2 + \left(-\frac{GMm}{R}\right) = 0 + 0 \qquad \therefore \ v_0 = \sqrt{\frac{2GM}{R}}
$$

左辺は出発点でのエネルギー。それで途中もずーっと力学的エネルギーが保存する。そして，右辺は無限遠点。ギリギリのスピード v_0 で行ったので無限遠では止まっちゃいますから，運動エネルギーは 0。万有引力の

位置エネルギーは，無限遠点をもともと基準位置にしているんだから，無限遠では0。

　もちろんこうして決めたv_0より速くてもいいんだよ。そんな場合は無限遠へ行って動いていればいい，等速直線運動でね。結局，**無限遠点へ飛ぶ条件を求める問題では，力学的エネルギーが0以上となればいいんだね。**

■ 宇宙へ

　ちなみに**第1宇宙速度**というのは，地球の表面すれすれに回る人工衛星の速さ。タイプBで$r=R$として求めた速さです。もちろん，大気があるから表面すれすれは無理だけどね。でも，宇宙ステーションの速さはこれに近いです。いいかえれば，けっこう地球の近くを回っているんです。図にしてみると，こんな感じ。これで大気圏外なんだから，大気がいかに薄いベールのようなものかも分かるでしょ。大切にしなくては，という気になりますね。

宇宙ステーション

地球

　宇宙ステーションは，なんというか地球に張り付いて回ってる感じだね。日本人も宇宙へ行ったって大騒ぎしてるけど，それほどのことだろうかって気もしてきます。それに比べて，アポロ宇宙船で月に行ったのは本当にすばらしいことなんだ。上の図の場合，月の位置は70cmも離れているんだよ。ハイ，定規をもってきて！　まさに宇宙でしょ。しかも40年以上も前のこと。積んでいたコンピューターだって今のパソコン以下のものだったからね。

　宇宙ステーションの話のついでに問題を1つ。

「ステーションの中では物が浮いてたね，覚えているでしょ。それはなぜか？」……

ひょっとして，宇宙に出ると重力がなくなっちゃうと思ってない？　万有引力，つまり重力はちゃんと働いていますよ。「**無重力**」という言葉に引きずられてはいけません。「地球から遠く離れたから万有引力が無視できるんだ」って答えた人もいたけど，さっきの図からも分かるようにとんでもない話ですね。

　正解は……「**ステーション内にいる人・物には，遠心力が働いて万有引力とつり合い，合力が0になっている**」から。宇宙飛行士は等速円運動で話した"回転する観測者"にまさになっていたんだね。君たちが見た映像を撮ったカメラだって同じこと。だから，最近は"無重力"を避けて，"無重力状態"とか"無重量状態"ということが多くなっています。

　ついでに，もう1つ質問。

> 「**ステーション内に見かけはまったく同じ2つの物体があるとします。質量は違うんだけど，それはどうやって見分ければいい？**」

　もちろん，無重力だからハカリはまったく役に立たないからね。

　　　　　　　・・・・・・・・・・・・・・・・・・

　いろんな方法があるでしょうが，**基本的には動かしてみる**ことですね。$ma=F$より，mが大きいほどaは小さい。つまり，動きにくい。もし質量にかなりの違いがあれば，2つを手で動かしてみるだけですぐ分かるでしょうね。

　ばね振り子を使う手もあるよ。$T=2\pi\sqrt{m/k}$，mの大きな方がゆっくり振動する。これなら，質量のわずかな違いでも測れる。1回の振動では区別できなくても，何回も振動させれば差が出てくる。でも，単振り子じゃダメだよ。まるで振れません。

　そのほか，2つの物体の間にばねをはさんで，両側から押し縮め，静かに放してやってもいい。分かる？　分裂のケース，運動量保存則だね。ばねから離れた後の速さが速い方が……そう，mが小さいんだね。

■ 楕円軌道はケプラーの法則で

さあ、もっと遠くへ、太陽系へと旅立とう。太陽の周りを回る惑星の運動について、ケプラーは3つの法則を発見しました。

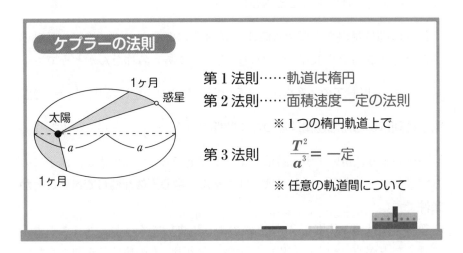

ケプラーの法則

第1法則……軌道は楕円
第2法則……面積速度一定の法則
　※1つの楕円軌道上で

第3法則　　$\dfrac{T^2}{a^3} = $ 一定

　※任意の軌道間について

まずは、軌道が楕円軌道であるというのが、ケプラーの**第1法則**です。楕円の焦点は2つあるんですが、その焦点位置の1つに太陽がいるのです。「左側の焦点ですか、それとも右側のですか？」って聞いてきた人がいるけど、何の意味もない問いですね。だって、図を逆さまにして見てみたら分かるでしょ。

惑星は等速で動くと思っていませんか。実は、太陽から遠い所ではゆっくりと回り、そしてだんだんスピードがついていって、太陽に近づくとグッと速く回るのです。**速さは、太陽から最も離れた点で最小で、最も近づく点で最大**です。

第2法則は回り方に関する法則ですね。

「**太陽と惑星を結ぶ線（動径）が一定時間に描く面積は
軌道上どこでも等しい**」

というのが第2法則です。たとえば，火星が1ヶ月間に描く面積は軌道上のどこでも等しいのです。1ヶ月でなくて，1週間でもいい。もっと短くして1秒間でもいい。**1s間に描く面積を面積速度というので**，ケプラーの第2法則はふつう，**面積速度一定の法則**とよんでいます。よくもまあこんな法則を見つけたものだと感心します。

第3法則は楕円を1周する時間，周期Tに関してです。楕円の長軸の半分aを半長軸とか長半径とかいいます。まあ，名称なんかどうでもいいんですが，周期Tの2乗をaの3乗で割った値が一定になり，$\dfrac{T^2}{a^3}$ **= 一定。第3法則はいろんな惑星間をつなぐ関係で**，$\left(\dfrac{T^2}{a^3}\right)_{地球} = \left(\dfrac{T^2}{a^3}\right)_{火星} = \left(\dfrac{T^2}{a^3}\right)_{土星}$ =……のように用います。惑星でなくて彗星でもいいんですが，調子にのって月のデータをもってきてはいけません。**中心天体が同じであることが条件**です。

教科書では第3法則を$T^2 = ka^3$のように書いてるけど，さっきのように覚えた方が使いやすいと思いますね。どうせ，kの値は与えてくれないんだから。どっちが2乗でどっちが3乗だったか忘れやすいので，T^2にウエイトをおいて覚えるといいよ。

実際には，惑星の軌道はほとんど円に近いので，第1法則の発見自体が大変な努力の結果でしたし，3つの法則を見つけるのに，ケプラーは20年近い歳月をかけたんですね。でも，当時はまるで評価されませんでした。

その重要性に気づいたのがニュートンです。**万有引力の法則の発見です**ね。**それと運動の法則とから，ケプラーの法則を導くことに成功したのでした。そのとき，ケプラーの法則は太陽系という制限から解き放たれたん**ですよ。ケプラーの法則は，地球の周りを回る人工衛星についても成り立っていますし，木星の周りを回る衛星についても用いることができます。

この法則に伴うエピソードを1つ。ニュートンが40歳のとき，巨大な彗星が現れました。ハレー彗星です。天文学者ハレーはニュートン力学を用いて，それが楕円運動をしていること，76年後に再び戻ってくるであ

ろうことを予言しました。そして，予言通りの年のクリスマス，彗星は再び姿を見せたのです。もちろん，ニュートンもハレーもその姿を見ることはなかったのでしたが……。

　科学の理論にとって最も大切なこと，それは現在知られている事実を説明することではなく，知られていないことを予言（よげん）できるかどうかなのです。そして，予言が確かめられると，理論が確固たるものになっていくのです。

問題 23　万有引力

　質量 M の地球の周りを半径 r で等速円運動する人工衛星 P と，図のような楕円軌道を回る人工衛星 Q がある。万有引力定数を G として，次の量を求めよ。

(1) P の周期 T_0
(2) Q の点 A での速さ v_1
(3) Q の周期 T

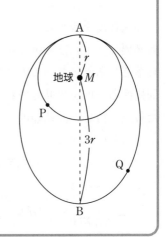

---

(1)　P の円運動の式は，P の速さを v として，

$$m\frac{v^2}{r} = G\frac{Mm}{r^2} \qquad \therefore \quad v = \sqrt{\frac{GM}{r}}$$

$$\therefore \quad T_0 = \frac{2\pi r}{v} = 2\pi r\sqrt{\frac{r}{GM}}$$

　なお，この式の両辺を 2 乗すると $T_0^2 = \dfrac{4\pi^2}{GM}r^3$ となります。これ，何を表しているか，分かりますか？　……周期の 2 乗と半径の 3 乗の関係——そう，ケプラーの第 3 法則だね。でも，第 3 法則の証明とまではいえません。円軌道しか扱ってないからね。

(2) 楕円軌道の問題では，長軸の両端の2点がよく登場してきます。まず，**面積速度一定の法則**。面積速度は1秒間に描く面積だったね。Qは1s間に v_1 の距離を動く。実際には接線方向に少し動くだけ。だから，**扇形の面積を直角三角形で代用**しちゃおうというわけです。次図では見やすくしています。

点Bも同じこと。Bでの速さを v_2 とすると，1s間に動いた距離 v_2 を用いて面積は簡単に測れる。その2つの面積が等しいので，

$$\frac{1}{2}rv_1 = \frac{1}{2}(3r)v_2 \quad \cdots ①$$

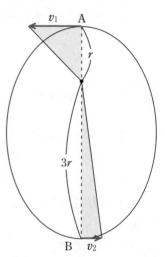

面積速度を尋ねられたとき，この1/2は絶対必要ですよ。参考書なんかで1/2を両辺から落としちゃっているのがあるんですが，個別に面積速度を出せといわれて1/2を落としたら，三角形の面積の出し方も知らないのかとばかりにペケにされてしまうよ(笑)。

それと，もう一つは**力学的エネルギー保存則**が使える。点Aと点Bをつないでみると，

$$\frac{1}{2}mv_1^2 - \frac{GMm}{r} = \frac{1}{2}mv_2^2 - \frac{GMm}{3r} \quad \cdots ②$$

あとは，①より v_2 を v_1 で表し，②へ代入して v_1 を求めると，

$$v_1 = \sqrt{\frac{3GM}{2r}} \qquad v_2 = \frac{1}{3}v_1 = \sqrt{\frac{GM}{6r}}$$

そうそう，点Aで(1)と同じ円運動の式 $m\dfrac{v_1^2}{r} = G\dfrac{Mm}{r^2}$ をつくる人がいますね。そんな速さ v_1 だったら，半径 r の円軌道に入ってしまいますよ。

(3) **周期は第3法則で求めます**。第3法則は，別々の軌道の間をつなぐ関係だから，Qと円運動をしているPを結びつけます。円は楕円の一種でしょ。

$$\frac{T^2}{(2r)^3} = \frac{T_0^2}{r^3} \qquad \therefore \quad T = 2\sqrt{2}\,T_0$$

左の式の左辺は Q で，長軸の長さは $r+3r$ だから，半長軸 a はその半分で $2r$ です。右辺は周期 T_0 で回る P で，円運動では半長軸は半径 r そのもの。こうして，**楕円軌道の周期は円軌道を利用することによって求めることができる**んですね。それが第 3 法則のウマ味なんだ。あとは T_0 を代入して，

$$T = 2\sqrt{2} \times 2\pi r \sqrt{\frac{r}{GM}} = 4\pi r \sqrt{\frac{2r}{GM}}$$

　楕円軌道の問題は，面積速度一定の法則と力学的エネルギー保存則との連立で解けるのです。 解法パターンが決まっているだけに，扱いやすい問題なんだね。入試で出たら，シメシメと舌なめずりできるようにね。

> 楕円軌道
> ⇩
> 面積速度一定
> エネルギー保存

　大分疲れてきたかもしれないけど，問(1)に関わることで話しておきたいことがあります。
　実は，ニュートンは惑星の軌道は円であるというシンプルなモデルから出発しました。そしてケプラーの第 3 法則が主張するように T_0^2 が r^3 に比例するためには，惑星にはどのような力が働いているか，運動方程式を用いて考え，$1/r^2$ に比例する万有引力にたどり着いたのです。問(1)の計算を遡ったんですね。しかもニュートンが偉いのは，続いて自分で微分・積分を発明し，万有引力のもとでは，楕円軌道が生じることなど，ケプラーの 3 法則を証明してしまったことです。

　万有引力の話は，宇宙や物理学の歴史と直結していてロマンがありましたね。さて，力学もこれで卒業です。次回からは波動分野に入りましょう。

第12回 波の性質

波は繰り返し現象

波動は"動的イメージが命"のような世界です。よーく注意して聞いてくださいよ。たえず動きを意識していってください。

■ 模様は伝わるが媒質は……

波は模様が伝わっていく現象です。池の中に小石を投げると、波紋が広がっていくでしょ。でも、水面に浮いているテニスボールは、上下にユラユラと揺れるだけです。波を伝える物質を媒質とよびますが —— この場合は水が媒質ですね ——、媒質の1点を見ていると、その場所で振動するだけ。媒質全体で作り上げた模様が伝わっていくんです。

> 波は伝わるが
> 媒質は
> 振動するだけ

まだピンと来ないって？ では、水面上に発泡スチロールの小さな粒がいっぱい浮かべてあると思ってください。無数の粒が織りなす模様こそ波です。それが伝わっていくんです。でも、1つ1つの粒はその場で振動するだけ。粒の動きは水という媒質の動きですね。

次ページの図は、横から見た波の模様(波形)を表しています。ていねいにいうと、x軸上の各点での媒質の変位yを表しています。波がくる前の状態からのズレを表しているんですね。盛り上がった所を山、へこんだ所を谷といい、山と山の間隔λを波長といいます。谷と谷の間隔といってもいいし、山と谷のワンセットで1波長とみてもいい。中心線(x軸)からの山の高さAを振幅といいます。

λだけ離れた点の変位は等しいこと，半波長λ/2だけ離れた点の変位は逆転していること（一方がyなら他方は$-y$）に注意してください。

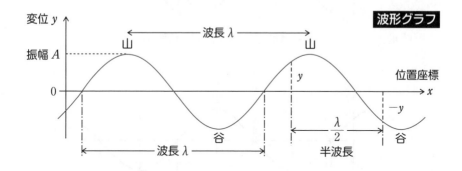

■ 波の基本関係を理解する

　波形は**一定の速さで平行移動**していきます。その速さvが波の速さです。次ページの図aを見てください。いま波が右へ伝わっているとして，点線ははじめの波形で，赤線が少し時間がたったときの波形です。でも，媒質は○から●へとy方向で動いているんですね。

　さて，もう少し赤線の波形を頭の中で右へ動かしてみてほしいんだけど，1波長λだけ伝わると，元の波形とピッタリ重なるでしょ（図c）。この間の時間Tを1周期といいます。だから，波の速さvは $v = \dfrac{\lambda}{T}$ と表せる。

　さらに媒質の動きを追うと，1周期Tの間にはちょうど1回振動を終わって，元の状態に戻っています。Tは媒質の振動の周期でもあるんですね。半周期$T/2$後の図bにも注目。各点の変位は逆転しているのです。媒質の運動の向きも逆転しています。

　波は1周期Tの間に1波長λ進むということは大切です。半周期$T/2$だと半波長λ/2進むし，2周期$2T$だと2λ進むというわけです。

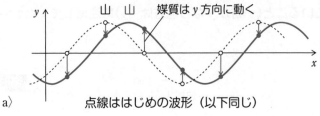

〈図 a〉　　　　点線ははじめの波形（以下同じ）

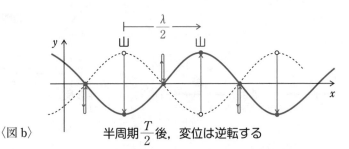

〈図 b〉　　半周期 $\dfrac{T}{2}$ 後，変位は逆転する

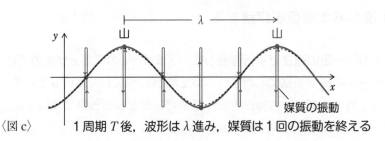

〈図 c〉　　1 周期 T 後，波形は λ 進み，媒質は 1 回の振動を終える

　媒質が 1 s 間に振動する回数が**振動数** f ですが，$f = \dfrac{1}{T}$ ですね。たとえば，$T = 0.1$〔s〕なら 1 秒間に 10 回振動するから，$f = 10$〔Hz〕です。振動数の単位は〔1/s〕ないし〔回 /s〕ですが，〔Hz〕と表します。

　$v = \lambda/T$ と $f = 1/T$ を組み合わせると，$v = f\lambda$　これこそ波の基本となる式です。T よりは f をよく用いるんです。

　ある特定の場所で見ていると，1 周期 T の間に山が 1 つ通り抜けていく。振動数 f は 1 s 間に通り抜ける山の数であり，1 s 間に観測する山の数ともいえます。

波の基本関係

1周期 T で1波長 λ だけ伝わる

$$\left. \begin{array}{l} v = \dfrac{\lambda}{T} \\[2mm] f = \dfrac{1}{T} \end{array} \right\} \longrightarrow v = f\lambda$$

波の速さ v は媒質の**物理的性質**で決まります。一方，振動数 f は**波源の振動数**で決まってきます。水を張って，水面を指でつついて波紋を広げてみると分かりますが，ゆっくり揺らしても，速く小刻みに揺らしても，波は同じ速さで広がっていくのです。だから振動数 f を大きくすると，波長 λ は短くなりますよ。

問題 24 波の性質

実線は時刻 $t = 0$〔s〕での波形を表している。この波は右向きに進み，$t = 5$〔s〕では点線の波形となった。この間，原点 O では一度だけ山になったという。

(1) 波長 λ，波の速さ v，振動数 f を求めよ。

(2) 原点 O での媒質の変位の時間変化を $0 \leqq t \leqq 5$〔s〕についてグラフに描け。また，点 P$(x = 4)$ についても描け。

(3) $t = 0$〔s〕のとき，$x = 30$〔m〕での変位はいくらか。

(4) 点 Q$(x = 6)$ で $t = 50$〔s〕のときの変位はいくらか。

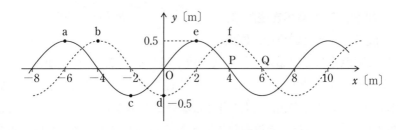

(1) まず，波長 λ は図から $\lambda = 8$〔m〕。次に速さ v〔m/s〕。一見すると，波はaからbまで2mだけ動いたように見えるけど，それは違う。もしそうだったら，原点は一度も山になれない。$x = -6$ の山aが原点を通っていかなくっちゃ。だから……そう，山aはfまで移っていったんだと分かる。5s間のことだから，その速さ v は，

$$v = \frac{4 - (-6)}{5} = 2 \text{〔m/s〕}$$

λ と v が分かったから，いよいよ $v = f\lambda$ の登場だね。

$$f = \frac{v}{\lambda} = \frac{2}{8} = 0.25 \text{〔Hz〕}$$

■ 上流を見れば未来が分かる

(2) $t = 0$ での原点の変位は $y = 0$ 少し時間がたったときの波形を点線で描いてみると，右の図1のようになる。原点の変位 y は負になっているでしょ。それも，だんだん大きな負の値をとっていく。谷cが接近してくるからとみてもいい。だから，求めるグラフは図2の実線のようになる。このグラフでは，周期 $T = \dfrac{1}{f} = \dfrac{1}{0.25} = 4$〔s〕が大事な量です。

〈図1〉

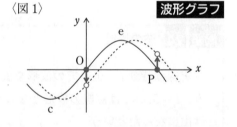

波形グラフ

〈図2〉

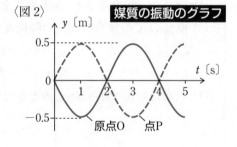

媒質の振動のグラフ

原点が今後たどるべき運命は，すべて波の上流側というか，原点の左側に表示されているんだ。天気予報と同じことで，低気圧が接近しているから雨が降り出しますよ ── 谷が接近してるから谷になるよ，というだけのことだね。天気予報は当たらないことも多いけど，波の場合は100％確実に，今後そこで何が起こるかが分かるんです。考えている点の

上流側を見てみればいい。

　同じように，点Pには山 e が接近しているから図2の点線のようになります。

　図2を波と思ってはいけません。これはある点(O や P)での，媒質の振動の様子を表しているグラフ。実際には上下動しか見えないんだから，人為的に作ったグラフです。このグラフでは周期 T が顔を出しています。図1のように横軸が x ならまさに波で，波形のグラフ。ある瞬間カメラでパチリと写真に納められ，波長 λ が顔を出す。この区別をしっかりしておかないとね。

> x 軸なら波形グラフ
> …λ が現れる
> t 軸なら振動グラフ
> …T が現れる

　O と P は半波長 $\lambda/2$ だけ離れた位置だから，常に変位が逆転していることも図2に現れているでしょ。

■ 繰り返しを利用しよう

(3)　$x = 30$〔m〕というとだいぶ離れた所で，問題の図をはみ出してしまうね。波形の延長を描いて調べる人もいるけど，もし，$x = 3000$〔m〕にされたらどうする？　トイレットペーパーでもないと解けなくなっちゃうよ(笑)。そこでだ……頭を使いたい。

　波は1波長 λ ごとに繰り返し同じことが起こっているわけでしょ。**ある点とそこから1波長離れた所は，まったく同じ変位になっている。2波長離れた所も同じ……整数波長離れた所は同じなんだ。**これを利用しよう。まず，

$$x = 30 = 3 \times 8 + 6 = 3\lambda + 6$$

と変形してみる。x を λ で割って"余り"を求めたのだけど，$x = 30$ と $x = 6$ は整数波長だけ違う。つまり，同じ変位のはずだから，$x = 6$ の変位を調べればいいというわけ。図からすぐ $y = -0.5$〔m〕と分かるね。この方法なら，大きな x で尋ねられてもできるでしょ。

(4)　これはいまの(3)と似た問題。時間が変わると y が変わるけど，**1周期**

T ごとに同じ y に戻る。だから……ウン，さっきと同様にこんどは，

$$t = 50 = 12 \times 4 + 2 = 12T + 2$$

と変形してみる。$t = 50$ と $t = 2$ は整数周期だけ違っているから，同じ変位。だから $t = 2$ を調べればいい。これは $t = T/2$ とも表せる。Q は $t = 0$ では谷の状態で，半周期後には変位が逆転するから，$y = 0.5$〔m〕と分かるね。

とにかくこの問題を通じて分かってほしいことは，波は空間的にも時間的にも，同じことを繰り返している現象だということだね。

> 波はくり返し現象
> λ, T ごとに同じ
> ($\dfrac{\lambda}{2}$, $\dfrac{T}{2}$ ごとに逆)

■ 媒質の運動について

媒質の動きについて，もう少し確認しておきたいことがあります。

> 「$t = 0$ のとき，媒質の速度が 0 の点はどこ？　また，媒質の速度が正で最大になっている点はどこ？」

媒質は上下（y 方向）に振動していて，折り返し点で一瞬止まるから，速度 0 になっているのは最も高い位置と低い位置，つまり山と谷だね。そこで，$x = -6$, -2, 2, 6, 10〔m〕となる。

振動しているときは，振動中心を通るとき速さが最大となります。変位 $y = 0$ の点こそ，最大の速さで動いている点なんです。あとは正の速度だから，上に向かって動いていればいい。いいかえれば，いま $y = 0$ の点で，少し時間がたつと $y > 0$ となる点を捜せばいい。そんな点は $x = -4$, 4〔m〕ですね。

波の速さ v は一定ですが，媒質は振動しているから，その速度は変化していることに注意してください。それと，1 箇所見つけたら，その 1 波長前後は同じだから，見落とさないことですね。

この波が正弦波だとすると —— 正弦波というのは数学で習う正弦曲線，sin や cos で表される波形の波ですね ——，媒質は単振動をします。力学

で単振動を習った人は，媒質の速さの最大値まで答えられるはずですよ。……いいかな？　それは(振幅A)×(角振動数ω)に等しいから，いまのケースなら，

$$A\omega = A\frac{2\pi}{T} = 0.5 \times \frac{2 \times 3.14}{4} \fallingdotseq 0.79 \,[\text{m/s}]$$

■ 横波と縦波

ロープや弦を張って端を上下に1回揺すってみると，図1のような波が右へ伝わって行きます。だけど，ロープ上の1点に赤ペンキを

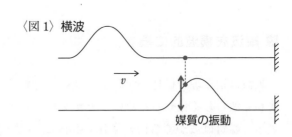

〈図1〉横波

媒質の振動

塗っておくと，赤い点は上下に動くだけ。**波が伝わる方向に垂直な方向に，媒質が振動している**んです。これが**横波**。いままでの話は横波を想定してきました。

一方，長いつる巻きばねを用意して，左端を少しつまんで放してみると，つままれて密になった部分が右へ伝わっていく。でも，ある点に付けた赤いマークは左右に揺

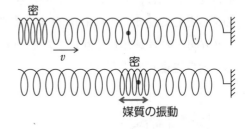

〈図2〉縦波

密

密

媒質の振動

れるだけ。**波の進む方向と同じ方向で媒質が振動するのが縦波**です。

左端を揺すり続ければ，**密や疎の模様が伝わって**いきます。疎は"まばら"という意味で，いまの場合はばねの間隔が広がった状態です。そこで，縦波は**疎密波**ともよばれます。

縦波の代表は何といっても**音波**です。目には見えないけれど，空気の濃い部分と薄い部分が，交互に並んで伝わっていくんですね。

こんな図を見ていると変に思えてくるかもね。「図1では，媒質は縦に動いているじゃないか。図2こそ横の動きだぞ。名称の付け方が逆じゃないか？」……って。まことにもっともな疑問ですけどね。そう思う人は，図を90°回して見てみたら？

実は，これらは波の伝わる向きを基準にして付けた名前なんだ。波の進む向きに向かって立って見てみる。図1なら紙面に垂直に立って見てみると，媒質の動きは横だなって感じがしてきますよ。

■ 縦波を横波的に表す

縦波は密と疎の模様が伝わっていくんですが，ちっとも波らしくないですね。波らしく見せるために，チョット工夫をしてやろうというのが横波表示。媒質は波がくる前の位置を中心に，x 方向に振動します。波がきているときの変位を y 方向に直して描いてみると，横波の波形が出現するんですね。

下の図を見てください。

たとえば，点 P を振動中心とする媒質は今 P′ にいます。PP′ が変位で，それを y 方向に直してみる。そのとき，**$+x$ 方向へのズレは，$+y$ 方向へのズレとして直す。**P′ は P″ に移す。点 Q のように，**$-x$ 方向へのズレは，$-y$ 方向へのズレとして直していく。**Q′ は Q″ に移す。**符号を合わせていることに注意してください。**

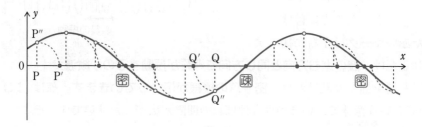

反対に，**横波化された波形が与えられたとき，媒質の本当の位置が判断できるようにしてください。**たとえば P″ なら，その真下の点 P が振動中心であることと，変位の符号に注意して P′ をマークできるようにね。

それと，**密や疎の位置が確実に判断できること。**前ページの図は$\lambda/8$の間隔で描いていますが，もっと小刻みにすると，疎密がはっきりと現れてくるでしょう。とにかく一度はコンパスを持ってきて，やってみることです。何事も経験が大切。ついでのことに，**密から密までで1波長，疎から疎までで1波長**です。

　でも，要領がつかめたら，もっと簡単に疎密は分かる。次の図でAB間の変位yは正だから，媒質は右にズレている。そこで右向きの矢印で表しておく。BC間の変位は負だから，左への

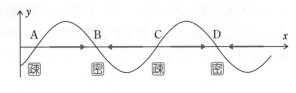

ズレ。左向きの矢印を書き込む。CD間は正で右向き矢印。すると……Bでは左右から媒質が寄って来ているから，密と即断できるでしょ。Cでは左右に離れていってるから，疎でしょ。

　山から谷に降りていく途中が密と覚える人もいるし，さまざまな流儀があるんです。カタカナの“ミ”の字に沿うところがミツ（密），“ソ”の字に沿うところがソ（疎）と覚える人もいます。「これがミソ（味噌）だ！」なーんて言って（笑）。まあどうでもいいんですが，正しく判断できるかどうか試してみよう。

> 「もし，波が左へ伝わっているとすると前図のA，B，C，Dの疎密はどうなる？」

　さあどうですか？　だいぶ迷い始めた人がいるようだね。では正解はというと……何も変わらないんですよ。横波化するときの約束に，波の進む向きは関係してないからね。B，Dが密，A，Cが疎であることに変わりはないんです。

■ 再び[問題 24]に挑戦

> 「[問題 24]は横波として解答しましたが，縦波だと思って見直してください。さあ，もう一度解き直しに入ってください」

できましたか。たいしてやることはなかったはずですよ。だって，答えは変わらないんだから（笑）。つけ加えた質問で，媒質の速度が 0 の位置，正で最大の位置も同じ答えです。x 方向での振動を y 方向の振動に置き換えているだけのことで，変位の正負が合わせてあるから，速度も横波の判断で通用するんですね。

せっかくだから，縦波特有の設問を 1 つつけ加えよう。

> 「原点 O が初めて密になる時刻はいつ？」

$t = 0$ では疎だね。疎から疎に戻るまでが 1 周期 T……だから密になるのは……半周期後で，$t = T/2 = 4/2 = 2$〔s〕だね。$x = -4$ にある密が原点にたどりつくとき，つまり，半波長分 $\lambda/2$ だけの移動だから半周期，と考えてもいいよ。

■ いろいろな波の話

波が生じるには媒質が**振動する必要**があり，振動するには**安定な位置からずれたとき，元へ戻す力（復元力）が働くことが必要**です。弦の横波では張力が，つる巻きばねの縦波では弾性力が，復元力の役目を果たします。

縦波は固体，液体，気体を問わず伝われますが，横波は固体中しか伝われません。気体や液体では，横ズレを戻す力がないからです。スルッとずれてしまって戻らないんだね。

地震は地震波とよばれる波で伝わります。縦波と横波が同時に発生します。南米のチリなどで地震が起こると，地震波は地球の内部を通って日本まで伝わってくる。そのおかげで，地球の内部構造が調べられるのです。

人工的に起こした地震でも調べています。そうして地球の中心近く（外核^{がい}）を通って来る横波がないことから，外核は液体になっていることが分かったんです。さらに，中心部（内核^{ないかく}）は固体になっていることまで分かっています。

スイカが熟^{じゅく}しているかどうかは，コンコンとたたいて音で調べるでしょ。あれと似たようなものだね。「スイカは音波で調べ，地球は地震波で調べる」というわけです。

すべての波が横波と縦波に分けられるかというと，そうではないんです。初めに話した水面波，あれは横波のごとく話しました。「波が広がっていっても，水面に浮かんだボールは上下に振動する」とかね。

実はボールは，円運動に近い運動をするのです。だから水面波は，本当は横波でも縦波でもないんですね。でも，水面波の問題は，横波と思って解いていいですよ。

光も波です。電磁波^{でんじは}とよばれる横波ですが，力学的な波ではないので，液体や気体どころか真空中をも伝われます。というか，**光は真空中が最も伝わりやすく，速さが最大**です。光は別格^{べっかく}なんですね。アインシュタインの相対性理論によると，ロケットがどんなに高性能になっても，真空中の光速 c に達することができません。

■ 波の式というやっかいなもの

少し時間が余っているから，波の式についての話をしよう。ただし，**物理基礎**しか習っていない人が多いでしょうから今は無視してください。**物理**で習ってから見直してもらえば結構です。波の式というのは，ある位置 x で，ある時 t での波の変位 y を表す式です。x と t の2つの変数を含むので，これをつくるのはやっかいなんです。たいして重要なことではない──と私は思うんですが，入試には必要なんだ。

次ページの図1は時刻 $t＝0$ のときの正弦波の波形を示しています。周期は T，速さ v で右へ伝わっているとして，この波の式を求めてみましょ

う。まずやるべきことは，**原点Oでの媒質の単振動を式で表すこと**。ちょっとやってみてください。

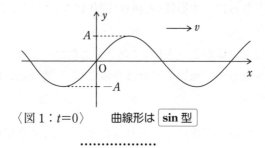

〈図1：$t=0$〉　曲線形は $\boxed{\text{sin 型}}$

・・・・・・・・・・・・・・・・・

単振動というと，すぐに一般式 $y=A\sin(\omega t+\theta_0)$ を持ち出す人が多い。ω は角振動数で，等速円運動の角速度と同じです。$T=2\pi/\omega$ の関係がある。そして，初期位相 θ_0 を決めようとして悪戦苦闘する。こんな式などに頼らない方がいいんです。

まず，原点Oでの単振動のグラフを作ってみると……これは［問題24］でやったね。図2のようになる。この図を見て，いきなり式にするんです。図1のような形なら『sin型』だけど，図2は＋－反転してるから『－sin型』。単純に形だけで判断する。すると，

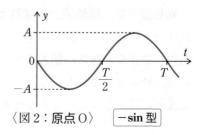

〈図2：原点O〉　$\boxed{-\text{sin 型}}$

$$y=-A\sin\omega t=-A\sin\frac{2\pi}{T}t \quad \cdots ①$$

となる。**型が決まれば sin や cos の中身は ωt です。**

さあこれで，原点Oではいつ（t）に何が（y）起こるかが決まった。そこで，座標 x の位置Pで時刻 t に何が起こるかを決めたい。それが波の式なんですが，x と t という変数が2つも登場する。もう頭の中は錯乱状態に入る……。

■「時間ズラシ法」の極意

で，少し整理するため，いま，x は定数のように思ってください。たとえば，$x=20$ とかね。原点 O で起こったこと（変位）が x まで伝わって来るのにかかる時間 Δt は $\Delta t = \dfrac{x}{v}$ だね。x が定数なら Δt も定数。O で起こったことは Δt 後に位置 x で起こる。

すると，「**位置 x で時刻 t に起こることは，O ではいつ起こったこと？**」……
$t-\Delta t$ に起こったことでしょ。この時刻での変位 y は，さっきの**式①**の t の代わりに $t-\Delta t$ を代入すればいい。そこで

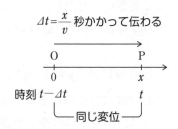

$\Delta t = \dfrac{x}{v}$ 秒かかって伝わる

$$y = -A\sin\frac{2\pi}{T}(t-\Delta t)$$
$$= -A\sin\frac{2\pi}{T}\left(t-\frac{x}{v}\right)$$

ハイ，これで図1の波の式，一丁上がり！ x は定数のつもりだったけど，どんな値でもいいから，最後に定数という制限から解放してやったんです。何だかトリックに引っかかった気分かな。なんかボーゼンとしてるね。この話，初めて聞いてパッと分かるようなら天才……かもね。少なくとも異常ではある（笑）。

具体例でいこう。いま O から P まで伝わるのに $\Delta t = 5\,〔s〕$ かかるとしよう。O で時刻 $0\,〔s〕$ に起こることは P では時刻 $5\,〔s〕$ に起こる。O で時刻 $2\,〔s〕$ に起こることは P では $7\,〔s〕$ に起こる。P は5秒遅れで O と同じ変位になる。

じゃあ，P で時刻 $22\,〔s〕$ に起こることが知りたければ，O ではいつの時刻を調べればいい？……$22-5=17$ と暗算でやって，$17\,〔s〕$ と答えるでしょ。

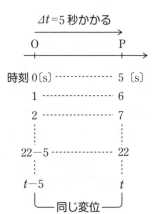

$\Delta t = 5$ 秒かかる

それでいいんです。Pで時刻22〔s〕のことが知りたいとき，式①の t に22を代入してはいけないんだ。17(= 22−5)を代入しろということ。一般化すれば，Pで時刻 t に起こることは，Oでは $t-5$ を調べればいい。式①には，$t-\Delta t$ を代入しろということだね。

　まだ分からない？　OP間で波形がどうつながっているかなどと考えるからいけないんだ。点Oと点Pに双子がいて，屈伸運動をしていると思ってください。ただし，弟Pは兄Oより Δt 秒遅れて同じ運動を始めた。弟Pの時刻 t の姿は，兄Oの $t-\Delta t$ の姿と同じでしょ。

　教科書には　$y = A \sin 2\pi \left(\dfrac{t}{T} - \dfrac{x}{\lambda}\right)$ という式があって，これさえ覚えておけば済むかのごとく，太い字で書いてある。とんでもないことです。これは，ある1つの波しか表していない！　図1に対してこれを当てはめた人は，みーんな間違い。$t=0$ での波形が図1とは違って，＋－逆転しているときの式に過ぎないんだ。

　やはり，どんなケースでも対処できる「時間ズラシ法」をマスターしておかなくてはね。『sin 型』と『−sin 型』の話をしましたが，あと『cos 型』と『−cos 型』を使えば，ほとんどすべての問題に対処できますよ。

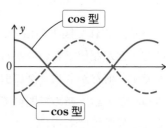

　ここまで聞いても，やっぱり波の式はチンプンカンプンだったという人も多いでしょう。でも，とりあえず，作り方だけ知っておいてください。使っているうちに，いつか分かる時がくるものです。「物理というのは，すべてを理解して進むものだ」なんて堅苦しく考えないように。「実はよくは分からないけど……」というところが誰にもあるものなんです。

　あっ，時間が余っていると思っていたら，だいぶオーバーしてしまいました。どうもお疲れさま。

第13回

定常波と波の反射

逆行する2つの波があるとき

■ 和して同ぜず

　雨がポツン，ポツンと降ってきた。池の水面を眺めていると，雨粒が落ちた所を中心に波紋が広がっていく。いくつもの輪が重なっている様子を——少しメルヘンの世界にひたりたい気持ちを押さえて——落ち着いて見ると，1つの輪は他の輪と関係なく，きれいな円を描いて広がっていくことに気づくでしょう。これが **波の独立性** です。気分をこわしちゃって申しわけないけどね。**1つの波は他の波に影響されることなく伝わっていく** のです。

　そして，さらによく見てみると，2つの輪が重なりあった所は，水面の盛り上がりが大きくなっています。**ある点に2つの波が来ているとき，実際の変位 y はそれぞれの波の変位 y_1, y_2 の和** になって，$y = y_1 + y_2$ となる。これが **波の重ね合わせの原理** です。

　水面波のように2次元の波では難しいから1次元の波で描くと，図のようになります。2つの波（図 a ）が出合って重なり合って（図 b ），そして別れていく。別れた後は，元の波形のままです（図 c ）。

　論語に「君子は和して同ぜ

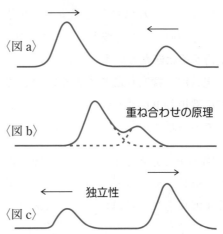

〈図 a〉

重ね合わせの原理

〈図 b〉

独立性

〈図 c〉

ず」というのがあります。君子は他人と調和し、しかも自分本来の姿を失わない、というような意味だったと思うんですが、重ね合わせの原理と独立性の話をするたびに思い出す言葉です。オット、つい教養が出てしまった(笑)。

■ 定常波が出現するとき

さて、2つの同じ波形の正弦波が、反対方向へ進んで重なっているときにはどんな波ができるかを見てみよう(→次ページの図)。黒実線が右への波、黒点線が左への波です。重ね合わせて合成波にすると、赤線のような波になります。図は1/8周期ごとの様子を描いています。

注意してほしいことは、合成波は右へも左へも進んでいないことです。たとえば、図①で点 B には山がありますが(赤線に注目)、②に移ってもそこは山のままですね。ただし高さが低くなっていて、やがてこんどは谷の状態に入っていく(④、⑤)。

もともと左右に進むこと以外は、同じ条件の2つの波を重ね合わせたんだから、合成波が右へ進むとかしたら、それこそ変でしょ。このようにしてできる合成波を、**定常波(定在波)**とよんでいます。それに対して黒実線や黒点線のような普通の波は、進行波といいます。**定常波が生じるのは、波形の同じ波が逆行するとき**だということを、まず理解してほしいんですね。

> 逆行する2つの波
> ⇩
> 定常波の出現

定常波で媒質が最も大きく振動している点(B、D、F、H)を**腹**といい、**常に変位が 0 の点(A、C、E、G、I)を節**といいます。腹と節は交互に並んでいるね。

図①から分かるように、腹と腹の間隔は、元の波の波長 λ の半分 $\frac{\lambda}{2}$ です。節と節の間隔も、同じく半波長 $\frac{\lambda}{2}$ で、これは大切な知識ですよ。

> 腹から腹まで $\frac{\lambda}{2}$
>
> 節から節まで $\frac{\lambda}{2}$

腹は，元になった2つの波の山と山が重なり合ったり（①のB，F，⑤のD，H），谷と谷が重なり合ったり（①のD，H，⑤のB，F）する点だね。だから定常波の腹での振幅は，元の波の振幅Aの2倍，$2A$となります。一方，節は山と谷が重なり合って，変位が0になる点です（③のA，C，E，G，I）。

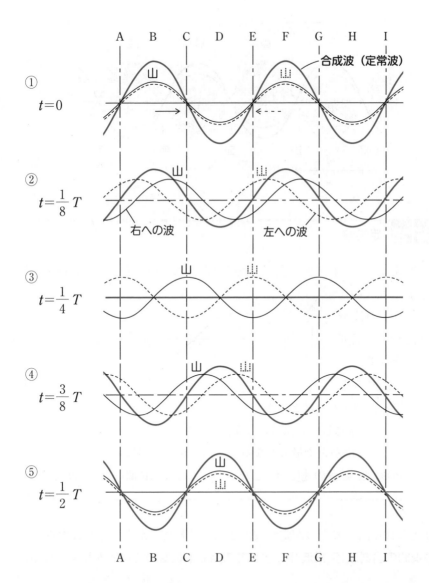

定常波だけまとめて描いたのが次の図。見やすいように線の種類は変えました。①→⑤→①のように繰り返します。定常波は①と⑤の両側を描いて示すのがふつうで，①と⑤は半周期ごとに入れ替わります。実際，弦の定常波だと目には残像が見え，赤色のようなビーズ状に見えるんです。

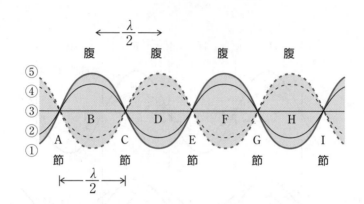

問題 25 定常波

実線は右へ伝わる波を表し，点線は左へ進む波のある瞬間の様子を表している。
2つの波の波形は同じで，周期を T とする。

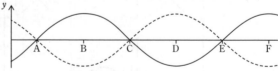

(1) 最も大きな振幅で振動する点はどこか。

(2) まったく振動しない点はどこか。

(3) 点 A の変位が正で最大となるまでにかかる時間はいくらか。

(4) 図の瞬間，媒質の速度が正となっているのは AF 間のどの範囲か。

与えられた図そのものが定常波だと思ってしまったら，完全にアウト。**この瞬間の合成波（定常波）は，すべての点で 0 になっているんです。** p.153

の図③と同じ状況なんだ。

(1)　求めるのは腹の位置だね。点Bの山と点Dの山はいずれ点Cで出合うでしょ。だからCは腹の位置と分かる。こうして1箇所見つければ，あとは半波長ごとに腹があるから，A，C，Eと決まる。A，Eは谷と谷が出合おうとしていることから，腹と決めてもいいですね。

(2)　こんどは節の位置ですね。腹と腹の間にあるから，B，D，Fだね。山と谷が出合う位置が節だから，与えられた図から即断することもできるんですよ。

(3)　少し時間がたったときの2つの波の波形を描いてみる。そして，定常波（赤）を作ってみると……
点Aでの変位は負になることがはっきりするでしょ。変位が正で最大になるまでには，赤点線のように振動

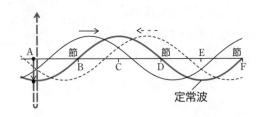

定常波

しないといけない。振動中心から端までが $\dfrac{1}{4}T$ だから，これは $\dfrac{3}{4}T$ だね。
　右に進む波を見ても，左へ進む波を見ても，点Aではこれから負になっていく。本当は図を描かなくても分かることなんです。

(4)　問題図の瞬間の変位はどこも0。すると，速度が正ということは，少し時間がたったときの変位が正となっているということ。前問の定常波を見れば，明らかに **BD間** ですね。

■ 縦波の定常波

　音波などの縦波で定常波ができるときも，例の横波表現で表してみれば，今までの話はすべて通用します。ただ，実際には，**縦波は疎密の変化が起こっている**わけ。その様子が想像できるかな？……なかなかイメージできないでしょうね。

p. 153の図①のときの疎密を調べてみると，下の図aのようになってる
でしょ。⑤のときは図bのようになってるね。これらが半周期ごとに入れ
替わる。だから，節の位置では密になったり，疎になったり，疎密の変化
が最も激しく起こる。一方，腹の部分の空気は大きく振動するけど，密度
は一定です。

　ところで，小さなマイ
クを持ってくると，どの
位置で大きな音がするか
分かりますか？……激し
く空気が揺れ動く腹の位
置と思うのが常識という
ものだね。ところがドッ
コイ，そうじゃないん
だ。

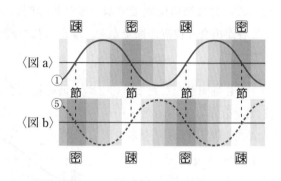

　実は節の位置で大きな音がするんです。人間の耳もそうだけど，マイク
は圧力変化に反応するんです。圧力が変われば鼓膜にかかる力が変化する
から，鼓膜が振動して音が聞こえる。ロープウエーや飛行機などで高い所
へ行くと耳が痛くなるのも，圧力が変わるためでしょ。密度変化の大きい
所は，圧力変化も大きい。だから，節で大きな音が聞こえるのです。

　まあ，こんなことは知らなくていいけどね。私自身長い間知らずにいて，
あるとき本で読んで，天地がひっくり返るほど驚いたんです。ちょっと大
げさかな。そういえば，気柱の共鳴（音波の定常波）の問題で，音が大きく
聞こえる点を出題した大学があったんですね。
　心配になって大学へ手紙を出しました。「節で大きな音がするというの
が正解ですが，高校生としては空気が大きく振動する腹と答えても，認め
るべきではないでしょうか」とね。雑談では話していますから，私が教え
た生徒は「節」と答えるわけ。本心は，出題者が「腹」を正解としている
んじゃないか，という不安がぬぐえなかったんだ（笑）。

■ 反射波の描き方

　波が壁などに当たると，反射して逆向きに進むんですが，このときの反射のタイプが2通りあります。**自由端反射**と**固定端反射**ですね。それぞれの場合の反射波の描き方をまとめておこう。

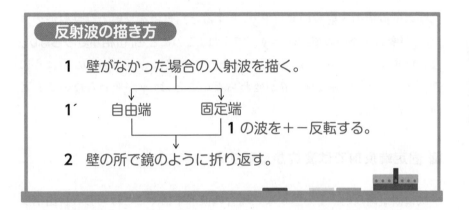

■ 自由端反射では変位が変わらない

　自由端反射からいきましょう。図で細い実線が入射波です。まず，反射する壁がなかったとしたら，波はどのように進んだはずかを描く（黒点線**1**）。そして，壁の位置を境目にして折り返せばいい（赤線**2**）。壁を対称軸として，**1**で描いた波形に対称に描くんです。

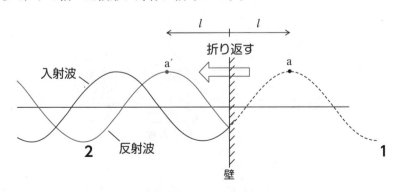

このやり方を知っている人は多いけど，「なぜこうするの？」と聞かれてハタと困ってしまうようではダメ。**自由端反射の際には，波の変位が変わらない。**山は山のまま，谷は谷のまま反射される。図の a の山は，壁の位置から l だけ右まで進んでいるはずの山。実際には壁で反射されて，l だけ左へ戻って a′ にいるわけ。だから **1** と線対称に描いているんだ。

　壁の位置での入射波の変位を $y_入$ とすると，自由端反射では反射波の変位 $y_反$ が変わらないので，$y_反 = y_入$ ですね。このことを「**位相が変わらない**」といいます。正弦波なら，振幅を A として変位は $y = A \sin \theta$ のように表される。θ が位相です。θ が変わらないことは，y が変わらないことと同じなんだね。

■ 固定端反射では変位が反転する

　次に固定端反射。**1** の壁がない場合の波形を描くことは同じ。自由端反射と違うのは，この **1** の波形を＋－反転させた波形を描くこと（赤点線 **1′**）。そして，壁を対称に折り返すと（赤線 **2**），反射波になります。
　固定端反射をすると，変位が＋－反転するんです。山は谷に姿を変え，谷は山となる。一般に　$y_反 = -y_入$　となる。
　図の a の山は a′ のような谷に姿を変えられ，壁から戻る。つまり，a″ の谷として現れる。このため，**1′** の操作を余分に取り入れているんだよ。

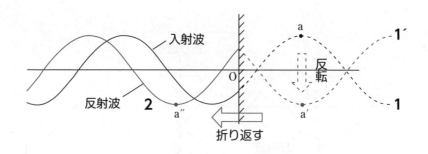

変位が＋−反転することを「**位相が π 変わる**」といいます。**π** は〔rad〕単位で表した角度で，180°に相当します。$y_入 = A \sin \theta$ とすると，位相が π 変われば，$y_反 = A \sin(\theta + \pi)$ でしょ。$\sin(\theta + \pi) = -\sin \theta$ だから，$y_反 = -y_入$ となるからね。

　1 を描いた後，反射点 O に関して点対称に描くと反射波になる，と教わっている人もいるでしょう。けれど，点対称の図は描きにくいし，**1′ のステップにこそ固定端反射の本質が反映されている**わけだから，前述のような方法を勧めます。

　連続的な波だと分かりにくいのでパルス波の例を見てみましょう。図 a は入射波で，図 b は自由端反射された場合です。山は山の姿のまま戻っていきます。図 c は固定端反射のケース。山は谷の姿になって戻っていってますね。

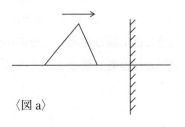

〈図 a〉

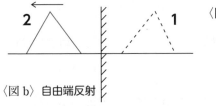

〈図 b〉 自由端反射

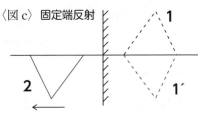

〈図 c〉 固定端反射

　一言つけ加えておくと，"変位"で話せば分かりやすいのに，なぜ"位相"なんてやっかいなものを持ち出すのかということです。実際に反射すると，波は減衰して振幅 A が小さくなるんですね。でも自由端なら，山は山の姿で反射することに変わりはない。つまり，A は変わるけれど θ は変わらない。そこまで考えて，位相を用いているんです。

　でも，ささいなことです。これからの話も，反射による減衰はないものとして聞いてください。

■ 反射すると定常波が出現する

　壁で反射されれば，右へ進む入射波と左へ進む反射波が重なり合うわけだから……そう，定常波が自然にできるんですね。

「自由端反射の場合は，壁の位置が定常波の腹となります。なぜだか分かるかな？」

　入射波の山が壁の位置に来た瞬間を考えるといい。この時，反射波も山でしょ。山と山が重なる位置こそ腹だったでしょ。2つの山は重なって，2倍の高さの山となる。振幅は$2A$だね。**壁（自由端）が腹と決まれば，半波長ごとに腹があるし，その中間には節があるから，すべての腹と節の位置が分かってしまう！**　まさにイモヅル式に分かってしまうんですね。

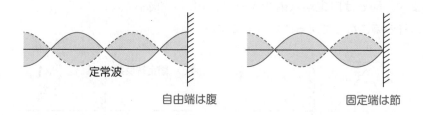

定常波

自由端は腹

固定端は節

　固定端反射の場合は，壁の位置が節になります。入射波の山が壁の位置に来た瞬間，反射波は谷でしょ。もちろん壁の位置で。山と谷が重なる位置だから節ですね。もう少しくわしく確認してみよう。壁の位置での入射波の変位を$y_入$とすると，反射波の変位$y_反$は $y_反 = -y_入$ だから，壁の位置での合成波の変位は，$y_入 + y_反 = y_入 + (-y_入) = 0$！　時間に関係なく，いつも0なんです。それは節にほかならないね。

　では，問題に入ってみよう。こんどはなかなかに手ごわいよ。

問題 26 波の反射

図は右へ進む振幅 A, 周期 T の入射波を表し, 波の先端はいま点 F にある。この波は点 H にある壁で固定端反射される。

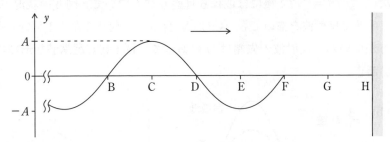

(1) $\dfrac{5}{4}T$ 後の反射波と合成波を作図せよ。また, $\dfrac{3}{2}T$ 後についても作図せよ。

(2) 十分時間がたったとき, 最も激しく振動する位置をすべて答えよ。

(3) 点 G の変位(合成波の変位)が $+2A$ となるまでにかかる時間を答えよ。

(4) この波が縦波であるとすると, $\dfrac{3}{2}T$ 後に最も密になっている点はどこか。

(1) 1目盛りが $\dfrac{1}{4}$ 波長になっていますから, 波は $\dfrac{1}{4}T$ の時間で1目盛りずつ進むね。$\dfrac{5}{4}T$ では5目盛り進むから, 入射波は次図 a の黒実線になります。

〈図 a〉

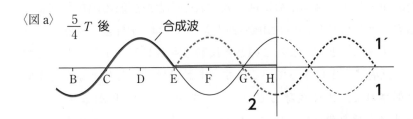

波動

定常波と波の反射

さて、**1**，**1′**，**2**のステップを踏んで作図すると、反射波は赤い点線のようになっていて、反射波の先端はEまで達しています。合成波はこの瞬間はEH間のすべての点で0で、赤い実線のようになっていますね。

次に$\frac{3}{2}T(=\frac{6}{4}T)$後には波は6目盛り進んでいて、図bの状況です。同じ手順で反射波を描いてもいいけど、図aの反射波を左へ1目盛り進めた方が早いね。反射波の先端はDにあって、**DH間で定常波が形成されています。**

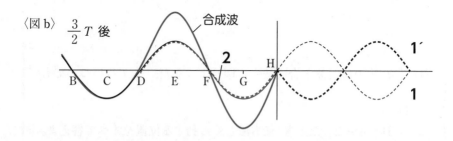

〈図b〉　$\frac{3}{2}T$後　　　　合成波

B C D E F G H 2 1′ 1

(2) 時間がたつとともに反射波が左へ進み、定常波の範囲が広がっていきます。やがて定常波が全範囲にできる。最も激しく振動する位置とは、腹のことだね。固定端Hが節で、節と節の間隔が半波長だから、節の位置は図cの●印のようになり、間に腹(○印)があるから、C，E，Gですか。図bを見て判断してもいいですけどね。**図に頼らない方法を身につけたいのです。**

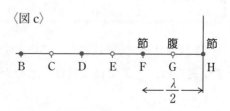

〈図c〉

節　腹　節

B C D E F G H

$\frac{\lambda}{2}$

(3) **変位が+2Aになるためには、入射波の山と反射波の山が重なる必要がある。**はじめCにあった山がGに達するのは、4目盛り移動すればいいからT後のことでしょ。このとき反射波もGに存在する。点Gは腹だから、反射波も山になっているはず。それははじめEにあった谷が固定端反射されて、山に変身してやって来ているんだ。EからF→G→H→Gと4目盛り動いています。だから、答えはTだね。念のため作図

で確かめてみるといいよ。

　図 b を利用して解くこともできます。G は既に腹となっていて，合成波
（赤実線で振幅は $2A$）は谷の状態。これが山の状態になるには半周期の時
間が必要。すると，$\dfrac{3}{2}T + \dfrac{1}{2}T = 2T$

　ただ，これで答えるとひっかかってしまう！　この 1 周期前も同じな
ので，$2T - T = T$ の可能性がある。あとはその時ちゃんと反射波が G に
到達していることを確認すれば OK。なかなか手強い問題ですね。

⑷　図 b の合成波の波形から，F が最も密と分かります。B も密ですけど，
F の方がより密ですね。

　次回は定常波の発展の話です。反射があれば，
自動的に定常波ができると言いましたが，両側で
反射があると，定常波ができるためには制限がつ
きます。そんな定常波の具体例に入っていきます。

第14回 弦と気柱の振動

定常波の図を描いて考える

■ 弦の端は節になる

　弦を伝わるのは横波だったね。弦を右
へ伝わる波は，端で左に反射されます。
右への波と左への波の重ね合わせによっ

て……そう，定常波が出現するんですね。**弦の端は振動できないから，変
位は常に 0 ── つまり定常波の節**になります。端では固定端反射が起こっ
ているんです。

　前回，固定端反射は反射波の変位 $y_反$ が入射波の変位 $y_入$ と＋－反転し，
$y_反 = -y_入$ となる反射だといいました。実は，媒質 ── いまの場合は弦
ですね ── が物理的に動けない状態になっている，つまり固定されているた
め，反射点での合成波の変位 y は，常に $y = 0$ にならざるをえないんです。

　合成波こそ実現する波で，反射点では $y = y_入 + y_反 = 0$ だから，$y_反 = -y_入$
となって固定端反射となるのです。**"固定端"の名の由来**は，媒質が固定さ
れていることからきているんですよ。

■ 弦の固有振動を求める

　さて，弦は両端が固定されているので両端で反射
が起こり，**両端が節になる定常波**ができます。反射
点が1箇所だけなら，必ず定常波となるんですが，
このように2箇所で反射するため，定常波が現れる

> 弦の両端は節

のは特別な場合に限られてきます。そのうち最もシンプルなのが図1で，
基本振動とよびます。

弦の長さを l としよう。基本振動のとき
の波長を λ_1 とすると，節と節の間隔は半波
長だったから，

$l = \dfrac{\lambda_1}{2}$ よって $\lambda_1 = 2l$ だね。弦を伝わる
横波の速さを v とすると，基本振動数 f_1 は
$v = f_1\lambda_1$ より $f_1 = \dfrac{v}{\lambda_1} = \dfrac{v}{2l}$ ですね。弦はま
わりの空気を振動させ，振動数 f_1 の音波が
発生します。このとき出る音を**基本音**とい
います。

$\langle$図1$\rangle$ **基本振動**

$\langle$図2$\rangle$ **2倍振動**

$\langle$図3$\rangle$ **3倍振動**

でも，両端が節になる定常波なら図2も
考えられる。これは**2倍振動**といいますが，
2番目だから2倍じゃないんです。このときの振動数が基本振動数 f_1 の2
倍になっているからなんだ。確かめてみよう。

まず，波長を λ_2 とすると，図から，

$l = \dfrac{\lambda_2}{2} \times 2$ よって $\lambda_2 = \dfrac{2l}{2}$ であり，$f_2 = \dfrac{v}{\lambda_2} = \dfrac{2v}{2l} = 2f_1$ でしょ。図3なら，
いま赤で書いた2を3に置き換えればよくて，$f_3 = 3f_1$ だから3倍振動だね。

まあ，後は予想できてしまって，n 倍振動となるわけ。これらすべてを
含めて**固有振動**といい，$n \geqq 2$ の振動を**倍振動**（音は**倍音**）といっています。

弦を伝わる横波の速さ v は，弦の線密度を ρ，弦の張力を S として，
$v = \sqrt{\dfrac{S}{\rho}}$ と表されます。波の速さは媒質の性質で決まるという話をしたね。
この場合もまさにそうで，弦の線密度や張力という物理的性質で決まって
います。線密度というのは弦1m当たりの質量のことで，単位は〔kg/m〕。

上で求めた n 倍振動数 f_n は，$f_n = \dfrac{nv}{2l} = \dfrac{n}{2l}\sqrt{\dfrac{S}{\rho}}$ となる。一応，公式と
なっているけど，私は覚えていません。問題の状況に応じた定常波の図を
描いて，解決した方がいいと思っているから。

■ 実感と合うかどうか

　ただ，いまの公式が実感と合っていることを確かめてみることは，おおいに意味がある。**振動数の大きな音ほど高く，振動数の小さな音ほど低く聞こえる**のです。

　たとえば，ギターを持ってくる。なければ，ゴムひもを張ってピンとはじいてみる。中央をはじけば基本振動$(n=1)$となるから，$f_1 = \dfrac{1}{2l}\sqrt{\dfrac{S}{\rho}}$の音が出る。$l$が短いほど$f_1$が大きい，つまり高い音が出ることを確かめてみるといいよ。あるいは弦を強く張ったり$(S$を増す$)$，細い弦$(\rho$を減らす$)$ほど高くなることもね。

　ギター，バイオリン，琴などの弦楽器を見たら，いろいろな太さ，つまりいろいろなρの弦が張ってあること，さらに張力Sの調整ができるようになっていることを，確かめてみてください。指で弦を押さえるのは，長さlを変えることだね。ついでながらピアノも本質は弦楽器です。中にピアノ線が張ってあって，鍵盤をたたくことによって弾いているんです。打楽器と思っていなかった？

　実際には，弾き方によって，いくつかの固有振動が同時に発生します。つまり，基本音の他に倍音が同時に出るため，微妙な**音色**になるんですね。**音色は波形で決まる**のですが，いくつかの固有振動が重なるため，波形が複雑な形になるんです。

■ 共振

　弦の固有振動数と一致する振動数をもつおんさとつなぐと，弦は大きく振動します。**おんさの振動数fは一定だから**，実験では，弦の長さlを変えたり，おもりの質量mを変えて張力$S(=mg)$を調整してやると，いろいろな固有振動を起

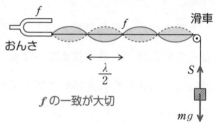

fの一致が大切

こせます。おんさも振動しているけど振幅は非常に小さいから，弦との接点はやはり，実質的に節としていいです。

弦に限らず，一般に**振動体には，その物体特有の固有振動数があるん**ですね。**その振動数で揺すってやると，大きく揺れる**のです。**共振**とよばれる現象です。弦のように音を伴うときは，特に何とよんでいる？　よく書かれる用語だよ。……**共鳴**だね。

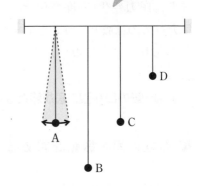

共振・共鳴は
fの一致で

共振は力学でも顔を出します。たとえば，いろいろな長さの振り子をズラッと並べ，糸で結んでおく。Aを揺らしてやると……同じ長さのCが大きく揺れる。単振り子の公式 $T = 2\pi\sqrt{\dfrac{l}{g}}$ を思い出してほしい。長さ l の等しいものは，T つまり $f(=1/T)$ が一致しているからだね。

■ **気柱の定常波**

片側が閉じた管(閉管)に音波を送り込むと，底板で反射された音波が戻ってくる。入射波と反射波があるから定常波ができます。ここまではいいね。さて，「**底板の位置は定常波の節となる。その理由は？**」これは阪大の問題です。

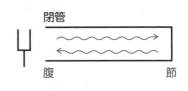

閉管

腹　　　　　　　　　　節

・・・・・・・・・・・・・・

結果だけ知っている人がほとんどでしょう。「底板では固定端反射が起こるから」と答えた人もまだ不十分。なぜ固定端反射になるかまで言わなくてはね。……

それは，音波が縦波だからなんだ。媒質である空気は，図の場合なら左右に ←●→ こんな具合に振動するでしょ。●は振動中心です。でも，底板

波動

弦と気柱の振動

に接している空気はそれができない。何しろ相手は固体の板だからね。だから空気の変位 y は，常に $y=0$ でしかありえない。

いいかえれば，**空気は底板に張り付いてというか，固定されている**わけ。だから固定端反射が起こり，**底は節になる**のです。

一方，管の口の位置は空気が自由に振動できるから，定常波の腹となります。でも，これは少しゴマカシの説明。

くわしくいうと，口の位置での圧力は，管外の大気圧に常に等しい。つまり，圧力変化（密度変化）がないんですね。それを満たせるのは腹ということですが，こちらは理由まで尋ねられることはないから，結果だけ知っておけば<ruby>大丈夫<rt>だいじょうぶ</rt></ruby>。

管の口は腹
底は節

結局，管の口が腹，底が節となる定常波ができます。

■ 気柱の固有振動を求める

縦波である音波の定常波を横波化して描くと，最もシンプルな波形は図1のようになるね。これが基本振動です。腹と節の間隔は $\dfrac{\lambda_1}{4}$ で，管の長さ l に等しい。よって $\lambda_1 = 4l$ です。基本振動数 f_1 は，音速を V として，$f_1 = \dfrac{V}{\lambda_1} = \dfrac{V}{4l}$ ですね。

次の倍振動は図2のようになります。さて，これは何倍振動？……2倍振動？……正解は3倍振動なんだ。管内には $\dfrac{\lambda}{4}$ が3個入っているから，$l = \dfrac{\lambda}{4} \times 3$ よって $\lambda = \dfrac{4l}{3}$ であって，

$f = \dfrac{V}{\lambda} = \dfrac{3V}{4l} = 3f_1$ でしょ。f_1 の3倍だから3倍振動。2倍振動はないんです。

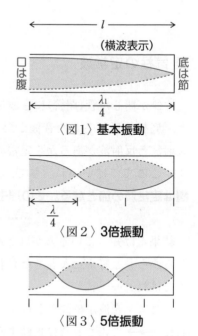

（横波表示）

口は腹　底は節

$\dfrac{\lambda_1}{4}$

〈図1〉**基本振動**

$\dfrac{\lambda}{4}$

〈図2〉**3倍振動**

〈図3〉**5倍振動**

その次の倍振動は図3のようになって，いま赤で書いてきた3を5に変えればいいから……5倍振動だね。

本当は計算なんかしなくても分かるんですよ。だって，図2を見ると図1のパターン（$\frac{1}{4}$波長分）を管内に3個詰めないといけない。そのためには，波長を$\frac{1}{3}$倍に縮小すればいい。音速Vは一定だから，$V=f\lambda$ よりfは3倍になるでしょ。図3は図1のパターンを5個詰めるんだから，波長は$\frac{1}{5}$で振動数は5倍……というようにね。

結局，**閉管の定常波は$\frac{1}{4}$波長の奇数倍となって，3倍振動，5倍振動，7倍振動……と続くんです。**これは覚えておくと，おおいに役立ってくれますよ。

たとえば，スピーカーの振動数を増していって，100 Hzで初めて閉管が共鳴したとすると，次に共鳴するのは……3倍だから300 Hzだし，その次は……5倍の500 Hzだね。200 Hzや400 Hzでは，管はウンともスンとも言わないんですね。

おんさは木箱に取り付けられていますね。箱からはずして，ゴム製のハンマーでたたいて鳴らすと，小さな音しか出ないんですが，箱があると大きな音が長く続きます。箱は口が開いているでしょ。……そう，閉管となっているんですね。その基本振動数はおんさの振動数と一致させて作られています。箱が'共鳴箱'と呼ばれているのも納得できますね。前ページで求めた $f_1 = V/4l$ からも分かるように，振動数f_1の大きい（つまり高い音を出す）おんさほど箱の長さlは短く作られています。

では，弦と気柱の両者が本当に分かったかどうか，チェックできる問題に入ってみましょうか。アッ，そうだ，一つ忘れていました。管口が腹になると言ったけど，**実際には口より少し外に腹ができます。**口からはみ出した部分の長さを，**開口端補正**とよんでいます。わずかなはみ出しなので，特に断りがない問題なら，口は腹と思って解いてください。

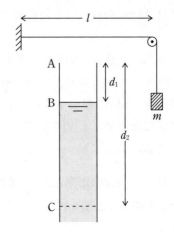

問題 27 弦と気柱の共鳴

線密度 ρ，長さ l の弦に滑車をへて質量 m のおもりをつり下げる。弦の中央をはじき，弦に基本振動を生じさせる。弦の下には水を入れた管が置かれている。水面を管口 A から徐々に下げていくと，B の位置（$AB = d_1$）で初めて共鳴し，C の位置（$AC = d_2$）で 2 度目の共鳴をした。開口端補正は一定とし，重力加速度を g とする。

(1) 弦を伝わる波の波長 λ_S と振動数 f を求めよ。

(2) 音波の波長 λ を求めよ。また，音速と開口端補正を求めよ。

(3) さらに水面を下げていくと，3 度目の共鳴はどこで起こるか。管口から水面までの距離を求めよ。

(4) 水面を C の位置にし，おもりの質量を m から徐々に減らしていくと，共鳴は止み，やがて再び共鳴した。このときのおもりの質量を求めよ。

(1) 次ページの図 1 より，半波長 $\dfrac{\lambda_S}{2}$ が l に等しいから，　　$\lambda_S = 2l$

弦を伝わる横波の速さ v は，　　$v = \sqrt{\dfrac{S}{\rho}} = \sqrt{\dfrac{mg}{\rho}}$

$$v = f\lambda_S \quad \text{より} \quad f = \frac{v}{\lambda_S} = \frac{1}{2l}\sqrt{\frac{mg}{\rho}}$$

ここまでは一本道。このあと，弦は振動数 f の音源として活躍します。

(2) やはり図 1 を見ると，B と C が節だから BC 間は半波長 $\lambda/2$ に等しい。

$$\frac{\lambda}{2} = BC = d_2 - d_1 \qquad \therefore \quad \lambda = 2(d_2 - d_1)$$

このλは音波の波長ですよ。λ_S は弦の波の波長で，まったく別のものです。しかし，**共鳴しているから両者の振動数 f は共通なんです。ここがこの問題の命綱！** 弦の波は横波だし，音波は縦波。波の速さも波長もまったく違う。ただ振動数だけが一致しているのです。

音速 V は，

$$V = f\lambda = \frac{d_2 - d_1}{l}\sqrt{\frac{mg}{\rho}}$$

図1のように本当の腹の位置をOとす

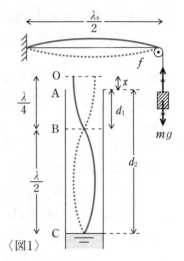

〈図1〉

ると，図の x が開口端補正。$OB\left(=\frac{\lambda}{4}\right)$ から d_1 を引けばいいから，

$$x = \frac{\lambda}{4} - d_1 = \frac{d_2 - 3d_1}{2}$$

ここまでは定番メニューと言っていい問題ですよ。ところで，

「Cで共鳴しているとき，空気の密度変化が最も激しい所はどこ？」

これ，前回の復習ですよ。大丈夫でしょうね。

………節の位置BとCだね。

(3) **開口端補正があるので，実験は必ず2度目の共鳴まで調べないといけないのです。**でも，3度目はもう予測がつく。水面の位置をもう半波長分λ/2だけ下げてやればいいので，

$$d_2 + \frac{\lambda}{2} = 2d_2 - d_1$$

音速 V と振動数 f が一定なので，λ も一定であることに注意。そこで**次の共鳴に移るためには，管の長さを半波長分ずつ増す必要がある**のです。管の長さを一定として固有振動を調べた"基本論"とは，ちょっと違う状況です。

(4) おもりの質量 m を減らすと，弦を伝わる波の速さ $v\left(=\sqrt{\dfrac{mg}{\rho}}\right)$ が減る。でも基本振動だから，$l=\dfrac{\lambda_S}{2}$ で決まる波長 λ_S は一定。ということは……振動数が減るわけだね。

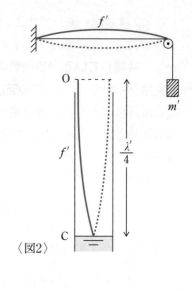

〈図2〉

閉管の長さは一定にしているから，こんどは"基本論"が使える。Cでの共鳴パターン（図1）を見ると3倍振動でしょ。いま，音源（弦）の振動数が減っていくのだから，次の共鳴は……基本振動だと断定できる。しかもその振動数は $\dfrac{f}{3}$ とまでね。

要するに，弦の振動数を $\dfrac{1}{3}$ 倍にしてやればいいのです。$v=\sqrt{\dfrac{mg}{\rho}}$ より，そのためには m を $\dfrac{1}{9}$ 倍にすることですね。よって答えは $\dfrac{m}{9}$

基本論では開口端補正がなかったのに……と心配しているかな。もっともな疑問です。**開口端補正 x は一定だから，その分も含めた OC が管の長さだと見直してやればいいんですよ。**

式で扱いたい人は，新しい共鳴の振動数を f'，音波の波長を λ' とすると，図を見て，

$$\underbrace{\frac{\lambda'}{4}}_{\text{図2より}}=\text{OC}=\overbrace{\frac{\lambda}{4}\times3}^{\text{図1より}}\qquad \therefore\quad \lambda'=3\lambda$$

$$V=f'\lambda' \text{ より} \qquad f'=\frac{V}{\lambda'}=\frac{V}{3\lambda}=\frac{f}{3}$$

弦の波について，

$$\text{図1}\ \cdots\qquad \sqrt{\frac{mg}{\rho}}=f\lambda_S \ \cdots\text{①}$$

図2 $\cdots$ $\sqrt{\dfrac{m'g}{\rho}} = f'\lambda_S = \dfrac{f}{3}\lambda_S$ $\cdots$②

$\dfrac{①}{②}$ より $\sqrt{\dfrac{m}{m'}} = 3$ $\therefore$ $m' = \dfrac{m}{9}$

■ 音速について

　音速Vは一定としてきました。それでいいんですが,実際には温度によって少し変わります。「**温度が増すと音速が増す**」という定性的な性質は知っておいてください。正確には,t〔℃〕での音速は $V = 331.5 + 0.6t$〔m/s〕と表せ,教科書にも出ています。

　こんな式まで覚えることはない —— と言いたいんだけど,この式を書かせた大学が,今までに2,3あるんですね。「ったく,ムカつくぜ」だね。尋ねるほうがどうかしてる。しかたないから,試験の前日ぐらいに覚えてください(笑)。

　アインシュタインがナチスに追われ,アメリカに渡ったとき,エジソンが作った問題集を解かされました。それがいまのようないろいろな"知識"の問題だったんです。アインシュタインは「知りたければ本を開けばいい」と答えたそうです。

■ 梵天君の知恵

　伊達政宗は幼少の頃の名を「梵天丸」といいました。ある時,お守りの家来とお寺に行ったとき,大きな釣り鐘がありました。じっと見ていた梵天君が「あれを動かしてみせる」と言い出した。家来の方は『アホなことを言うガキだ,あんな重い物が動くか』とは思いながらも,相手は若殿様だから,ハイハイと言われたとおり踏み台を持ってきた。体が小さいから鐘にとどかなかったんだ。

　そして,しばらく梵天君が鐘にさわっていたら,やがてグラグラ大きく揺れ出したのです!

　共振を利用したんです。釣り鐘はいわば単振り子のようなもので，ある周期で揺れる。その周期に合わせて力を加えたのです。実際，私もやってみました。指で少し押すとわずかに動くんです。目には見えないけど，感触で分かる。そして力を抜く。

　次にこちら側に戻ってきて向こうへ揺れていくとき，また押す。これを繰り返すんです。釣り鐘はどんどん大きく揺れ出すんです。**周期の一致は振動数の一致**でしょ。

　一度やってみると面白いよ。小指一本で動く。ただし，調子に乗ってやり過ぎないようにね。外れて落ちてきて，踏みつぶされても知らないよ（笑）。

　念のためにつけ加えておくけど，地面に置かれた釣り鐘を1時間押しても動くはずはないですよ。ぶら下げられているから動くんだからね。

■ ベランダの怪音

　ある人から聞いた話ですけど，夜半寝静まった頃，ボーと低い音がベランダの方ですることがある。出て見てもそれらしい物はない。長い間ずーっ

と気味の悪い思いをしていたそうですが，ある時ハタと気づいたんですね。

················

　ベランダには物干し竿があった。アルミ製のパイプです。「これだ！」というわけ。両方の口が開いているから"開管"というんですが，**両端が腹となる定常波ができる。**風が通ると，管楽器に息を吹き込むように鳴り始めるんですね。基本振動が起こりやすいんですが，なにしろパイプが長いから波長が長い。だから，振動数の小さい，低い音になっていたんですね。

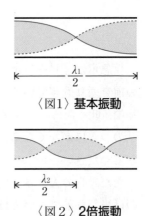

〈図1〉**基本振動**

〈図2〉**2倍振動**

　開管の定常波は半波長の何倍かで数えるとよくて，**基本振動，2倍振動，3倍振動**……と素直に続きます。図2は図1の波形を $\frac{1}{2}$ 倍に縮小すればいいから，波長は $\frac{1}{2}$ 倍で，振動数は2倍。以下は自分で図を描いて確かめてください。

　結局の所，**弦も開管も素直で，閉管だけが1，3，5，7**……**と奇数倍の振動になる**とだけ覚えておけばいいんですね。

　弦も気柱もサイズ（l）が小さいものの方が（基本）振動数が大きい，つまり，高い音を出す。それは一般の音源についても言えることで，たとえば，猫の鳴き声は高くライオンの声は低い。巨大恐竜の声は相当に低かったのではないでしょうか。サイズと固有振動数の関係は，音源に限らず，振動体一般についての性質です。もちろん，形状と材質を同じにした場合の話です。

　波動はここまでが**物理基礎**の範囲で，次回からは**物理**の範囲に入ります。

第15回 ドップラー効果

本質の理解が先決

　救急車が「ピー・ポー・ピー・ポー……」とサイレンを鳴らしながら目の前を通り過ぎていく。近づいてくるとき高かった音が、車が通り過ぎた途端、低くなる——そんな経験あるでしょ。「ない」と言われてしまうと、話のつぎほがなくなるんだけどね（笑）。ない人は今度、気をつけて聞いてみてください。

　ただ、音の大きさと混同しないように。距離が近いほど大きな音になるのは当たり前で、いまは音の高さの問題です。音は振動数が大きいほど高く、小さいほど低くなるから、救急車が近づいてくるときの振動数は大きく、遠ざかるときの振動数は低くなるということですね。

　音を出す音源が動いていると、本来の振動数とは異なった振動数の音が聞こえるというのが、ドップラー効果です。実際、動いている汽車の上で音楽家に演奏させ、音程が変わるのを確かめたそうです。私のようなオンチには信じ難いことだけど（笑）。

■ 音源が動いているときの音速は？

　ドップラー効果がなぜ起こるのか、教科書にはくわしい図付きで延々と解説してあります。それはそれで勉強になりますが、ここではまったく別の観点で考えてみましょう。ドップラー効果というとすぐ振動数に目が向くんですが、**周期で考えるとずっと分かりやすい**んですよ。

　図1は音源が静止している場合で、山（山a）を出してから1周期 T_0 たって、次の山（山b）を出したときの様子を描いています。山と山の間隔は1波長 λ_0 で、音速 V で伝わっていきます。

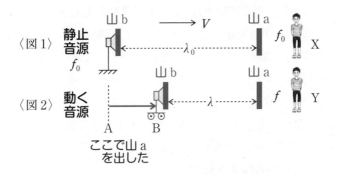

〈図1〉 静止音源 f_0 山b → V 山a f_0 X λ_0

〈図2〉 動く音源 山b 山a f Y λ

A B
ここで山a
を出した

　さて，問題は音源が動いている場合で，速さ v で右へ動いているとしよう。まず，みんなに聞きたいんだけど，

「その場合の音速はいくら？」

　「 v で動いている音源から前方に音が出されるんだから，音速は速くなって，$V+v$ でしょ」と答える人が多いんですよ。という言い方は……不正解と言っているわけ。半数以上いるのかな。

　正しい答は V です。**音源が動いても，音速 V に変わりはないんです。**動いている車から物を投げるのとは話が違うんだ。音波って空気の疎密の模様が伝わるんでしょ。ある部分が圧縮されて密になれば，膨張を始め隣りを圧縮する。その繰り返しで伝わっていくわけ。静止している空気が疎密を伝えていくのだから，**音速は空気が決めてしまうんです。**

音速は
音源の速度に
よらない

　「**波の速さは媒質の物理的性質で決まる**」というアレですね。これがドップラー効果を理解する上で，最も基本となることなのです。

■ ドップラーを周期で理解する

　話を元に戻そう。音源が動いていても，山aは図1と同じ所までしか伝わっていない。しかし，音源の方はその間に前進しているから，点Bで山bを出す。図1も2も，同じ音速 V で2つの山が伝わっていくけど，

人は図2の方が短い時間で，山 a と b を聞き取るでしょ。

つまり，図1より周期が短くなっている。振動数は周期の逆数だから，振動数は大きく，高い音になるわけだね。ハイ，これで終わり。原理は簡単なことでしょ。

山と山の間隔は波長だから，図1の波長 λ_0 より図2の λ の方が短くなっていることも歴然としてるね。まあ，せっかくだから公式も出してみよう。

振動数 f_0 の音源が山を出す時間間隔，つまり周期を $T_0\left(=\dfrac{1}{f_0}\right)$ とすると，$AB=vT_0$ だから図2を見て，

$$\lambda = \lambda_0 - vT_0$$

人 X にとっては $V=f_0\lambda_0$ が成り立ち，人 Y にとっては $V=f\lambda$ が成り立つから，上の式は，

$$\frac{V}{f}=\frac{V}{f_0}-v\frac{1}{f_0} \qquad \therefore \quad f=\frac{V}{V-v}f_0$$

音源が遠ざかる（左へ動く）場合は，山 a と山 b の間隔が広がること，周期と波長が長くなって，振動数が小さくなることも分かるよね。

■ 人が動くときのドップラー

さて，音源が静止していても，人が動けばやはりドップラー効果が生じます。こっちの方は，さっきよりさらに簡単。いま人が山 a に出合っているシーンが図3。人が止まっているとすると，1周期

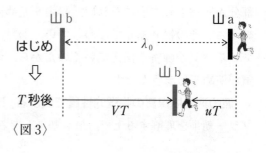

〈図3〉

T_0 後には山 b と出合うわけですが，人が左へ動いているとすると，山 b をより早くキャッチできる。人にとっては周期が短くなる。それは振動数が大きくなることでしょ。

これも式で表してみよう。動く人の速さを u，その人にとっての周期を T とすると，図から $\lambda_0 = VT + uT$ よって $T = \dfrac{\lambda_0}{V+u}$ そこで振動数

fは $f = \dfrac{1}{T} = \dfrac{V+u}{\lambda_0}$ だね。あとは $V = f_0 \lambda_0$ で λ_0 を消してやると，

$$f = \frac{V+u}{V} f_0$$

　まとめてみると，音源と人が近づくときには振動数が増し，遠ざかるときには振動数が減ることになる。いろいろなケースが考えられますが，**公式はありがたいことに1つですむんです。**

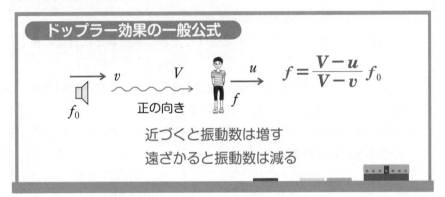

ドップラー効果の一般公式

$$f = \frac{V-u}{V-v} f_0$$

正の向き

近づくと振動数は増す
遠ざかると振動数は減る

　1つですますために，u と v は速さではなく速度，つまり符号つきで扱うことに注意。**音源から人へ向かって波が伝わる向きを正とします。**図3の例なら，音波は右へ伝わり，人は速さ u で左へ動いているから，速度は $-u$ となる。したがって，$f = \dfrac{V-(-u)}{V} f_0$ となって，先ほど求めた式になるでしょ。

　公式は，u とか v とかで覚えない方がいいよ。人の速度を v，音源の速度を u として出題されたら，脳ミソが 腸 捻転を起こしちゃうからね──そんなことはないか(笑)。

　「$f = \dfrac{V-人}{V-音源} f_0$」としておくといい。もし忘れたら，「人は音源なんかより 偉いんだ」と言い聞かせ，上にもってくること。音源に踏みつけられちゃダメだよ。

　ドップラー効果の本質は，音源と人との間の距離が変わることにあるのです。そして，音波だけでなく，波一般に起こる現象です。V は波の速さにすればいいからね。

じゃあ，問題に入っていこう。

問題 28 ドップラー効果

　図のように，振動数 f_0 の音源 S とマイクロホン M が固定して置かれ，反射板を取り付けた車 C が速さ v で右に動いている。音速を V とする。

(1) 車中の人が聞く音の振動数を求めよ。

(2) 反射板で反射された音を M で受けたときの振動数と反射波の波長を求めよ。

(3) M ではうなりが観測される。単位時間当たりのうなりの回数を n として，C の速さ v を f_0，V，n で表せ。

(4) 車 C がクラクションを t_0 の時間だけ鳴らしたとすると，M がその音を受け取る時間 t を求めよ。

---

(1)　音が伝わる左向きを正とします。人の速度は $-v$ だから，

$$f = \frac{V - (-v)}{V} f_0 = \frac{V + v}{V} f_0$$

　$V + v$ は V より大きいから $f > f_0$　近づいているから f は増える。こういう定性的なチェックを入れること。ミスがずいぶん防げるよ。

(2)　**1波長分で1個の波といいます。山と谷のワンセットで1波長だから，山1個で波1個といってもいい。振動数 f_0 とは1s間に f_0 個の山を送り出すこと。**(1)で求めた f は，1s間に反射板に当たる波の数ともいえるのです。そして，反射板はそれをすべて M に向けて送り返す。1s間に f 個の山を送り返す反射板——それは，振動数 f の音源が反射板上にあるようなものだね。

ただ注意すべきは，この"fの音源"は速さvで動きながら音を出していること。反射波が伝わる右向きを正として，Mは止まっているから，

$$f_反 = \frac{V-0}{V-v}f = \frac{V}{V-v} \cdot \frac{V+v}{V}f_0 = \frac{V+v}{V-v}f_0$$

　反射板が動くケースは，こんな具合に公式を2段階に分けて適用すればいいんです。はじめは，反射板を"人"に置き換えてfを求める。次は，"fの音源"として扱えばいい。その際，正の向きが変わることと，動きながら音を返すことの二点に注意だね。

　音速はV，振動数は$f_反$なのだから，$V = f_反 \lambda_反$ より，

$$\lambda_反 = \frac{V}{f_反} = \frac{V(V-v)}{(V+v)f_0}$$

■ うなりの出現

(3)　**振動数が異なる2つの音を同時に聞くと，音が大きくなったり，小さくなったりを繰り返すうなりが聞こえます。**1つの振動数f_1の音なら，おんさの音のようにピーと一本調子なんですが，少し振動数の異なる音が加わると，高さはそのままで，「ウォーン・ウォーン」という感じになる。

振動数の異なる
2つの波
⇩
うなり

山と山が重なると音が大きくなる。でも，周期が異なるので少したつと山と谷が重なって小さくなる。その繰り返しですね。それがうなりです。**1s間のうなりの回数(うなりの振動数)nは，$n = |f_1 - f_2|$ で表されます。**

　いまMには，Sから直接来るf_0の音と，反射板で反射されて来る$f_反$の2つの音が同時に入ってくるから，

$$n = f_反 - f_0 = \frac{2v}{V-v}f_0 \qquad \therefore \quad v = \frac{n}{2f_0+n}V$$

ネズミ取り(スピード違反の取り締まり)は，このうなりを利用している

んです。n から v を知ることができるでしょ。といっても音波ではなく，運転者に気づかれず，しかも金属の車体で反射されやすい電波を用いてるけどね。

$f_反$ を直接測ろうとすると振動数が大きすぎて大変なんだけど，n は小さいから測りやすいんです。プロ野球でピッチャーが投げるボールのスピードも，同じようにして測られています。

(4)　これは一見すると，まるで別種の問題のようなんだけど，実はドップラーの問題。クラクションの振動数を f_C とすると，M が受け取る音の振動数 $f_C{}'$ は，

$$f_C{}' = \frac{V}{V-v} f_C$$

さて，車 C が出した波の数は $f_C t_0$ 個。**ドップラーによって波長は変わるけど，波の数は変わらない。**山 1 個は，波長がどうなろうとも山 1 個だからね。C から出た山はすべて M に入ったから，M が受け取った波の数 $f_C{}'t$ は $f_C t_0$ に等しいはずだね。そこで，

$$f_C{}'t = f_C t_0 \qquad \therefore \quad t = \frac{f_C}{f_C{}'} t_0 = \frac{V-v}{V} t_0$$

f_C の値はどうでもいいんですね。ここで現れた**「波数は不変」という見方は，とても大切**ですよ。

■ 斜め方向のドップラー効果

いままでは音源も人も直線上を動いていたんですが，そうでない場合の扱い方も知っておかないといけません。

右の図の黒矢印は速度ベクトル。こんな場合は，**音源と人を結ぶ直線をまずつくる**こと。そして，**その方向の速度成分(赤)を取り出す**こと。その成分だけがドップラー効果を起こします。その分で近づいたり，遠ざかったりしている

この直線をまず作る

からです。直線に垂直な速度成分は無関係なんですね。

では，問題に入ろう。

波動

ドップラー効果

問題 29 斜め方向のドップラー効果

音源Pが一定の速さで直線上を右向きに運動している。点Oに静止している人がPからの音を聞いている。Pが点A，Bを通るとき出した音は，人にはそれぞれ

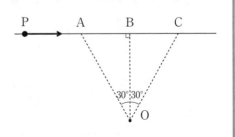

振動数 f_1，f_2 の音として聞こえた。音速を V とする。

(1) Pの振動数はいくらか。

(2) Pの速さ v はいくらか。

(3) Pが点Cを通るとき出した音は，人にはいくらの振動数の音として聞こえるか。

(4) $AB = l$ とすると，点Oで f_1 を観測してから f_2 を観測するまでの時間はいくらか。v を用いてもよい。

---

(1) **点Bに着目！** Bを通るときの速度ベクトルは，直線BOに垂直でしょ。だから……ドップラーは起こらない。f_2 こそ音源の振動数そのものなんだ。肩すかしをくわされたかな。

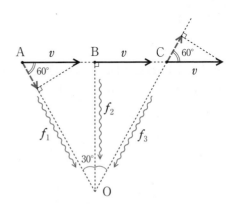

(2) 点Aでは赤点線の矢印の分 $v \cos 60° = v/2$ だけがドップラーを起こすね。音源の振動数は f_2 だから，

$$f_1 = \frac{V}{V - v/2} f_2 \qquad \therefore \quad v = \frac{2(f_1 - f_2)}{f_1} V$$

(3) やはり赤点線の速度成分 $v \cos 60°$ を用いるんだけど，こんどはマイナスの速度だから，求める振動数 f_3 は，

$$f_3 = \frac{V}{V - (-v/2)} f_2 = \frac{V}{V + \dfrac{f_1 - f_2}{f_1} V} f_2$$

$$= \frac{f_1 f_2}{2 f_1 - f_2}$$

ところで，

> 「O で聞く音の高さはどのように変わっていますか？　P が遠くからやって来て遠くへ去るまでの間について，定性的でいいから考えてみてください」

　結論から話すと，音の高さは**一方的に低くなっていきます**ね。P が B に達するまでのドップラーに役立つ速度成分は，図を描いてみればすぐ分かるけど，どんどん減ってくる。つまり，近づいてくる実質の速さが減っているから，振動数も減ってくる。P が B を通り過ぎると遠ざかりに入り，速度成分は増していく。これまた振動数を下げることでしょう。

　振動数は図のように変わります。P が十分遠くにいるときは，O は直線上にいるのと同じこと——この認識も大切だね。だから，図の $f_始$ は $f_始 = \dfrac{V}{V - v} f_2$ だし，$f_終$ は

$$f_終 = \frac{V}{V - (-v)} f_2 = \frac{V}{V + v} f_2 \quad だね。$$

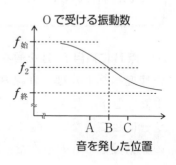

O で受ける振動数

音を発した位置

(4) P が A から B まで動く時間を求めて，$t = \dfrac{l}{v}$ です。簡単だね。ハイ，この答えの人，手を挙げて。ずいぶんいるねー。　実は皆さんペケです。ゴメン，ゴメン，手まで挙げさせておいて（笑）。

■ 音はエッチラ，オッチラやってくる

　問題文をもう一度よく読んでください。「点Oで観測する時間間隔」を尋ねているんですよ。音は瞬間的に伝わる——と日常生活では思っているけど，**エッチラ，オッチラやってくる**わけ。ちゃんと**いつの時刻に何が起こったのか**を確かめなくっちゃ。

　まず，Aで音を出した時刻を$t=0$としよう。Oでf_1の音を受け取る時刻は $t_1 = \dfrac{AO}{V} = \dfrac{2l}{V}$ ですね。次に，時刻 $\dfrac{l}{v}$ のとき音源はBに達し，Bで出された音がOに向かう。音がOに達するまでに $\dfrac{BO}{V}$ かかるから，Oでf_2を受け取る時刻t_2は，

$$t_2 = \frac{l}{v} + \frac{BO}{V} = \frac{l}{v} + \frac{\sqrt{3}\,l}{V}$$

t_2とt_1の差こそ求める時間なんだ。

$$t_2 - t_1 = \frac{l}{v} - (2 - \sqrt{3})\frac{l}{V}$$

　音は時間をかけて伝わってくる，という意識を忘れないでほしい。よく分からないときは，時刻を追って，何がどう起こっていったのか調べることです。光だって，日常の現象

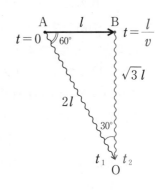

では瞬間的に伝わると考えていいけど，宇宙のスケールになるとそうはいかない。

　例えば，太陽から出た光が地球に届くまでには，8分20秒かかるんです。だからいつも皆さんが見ている太陽は，本当はもうそこにはいないんですね。太陽4個分も西の方へ動いたところにいるんですよ。

■ ドップラー効果で見つかった宇宙の膨張

　光も波だから，ドップラー効果を起こします。 ネズミ取りで話した電波は光——ていねいにいえば電磁波ですか——の一種だからね。レーダーも電波を用いて，飛行機の位置と速度を瞬時に測ることができます。**光の**

185 ●

問題でドップラー効果が出たら，音速 V を光速 c に置き換えて，公式を用いればいいんです。

　1920 年頃ですが，ハッブルという天文学者が，銀河からの光を調べていました。銀河というのは，数 1000 億個の太陽のような星の集団でできていて，渦巻銀河や楕円銀河があります。太陽も銀河系とよばれる渦巻銀河の中にあります。無数の銀河から宇宙はできているんですが，ハッブルは光のドップラー効果から，遠い銀河ほど速いスピードで，わが銀河系から遠ざかっていることを発見したのです。それも速さ v は距離 r に比例していることを。

　そこで昔のことを考えてみると —— 映画のフィルムを巻き戻して上映するような話ですが —— いまから約 140 億年前に，すべての銀河は 1 点に集まっていた。つまり，宇宙は 1 点から始まって，爆発的に飛び散ったというわけですね。ビッグバン (Big Bang) とよんでいます。

　こういうと，わが銀河系が宇宙の中心にいるかのように聞こえるけど，どの銀河から見ても，ハッブルの法則は成り立つのです。

　宇宙はこのまま永遠に膨張を続けるのか，それとも万有引力がブレーキをかけるから，やがて膨張が止まり収縮に転じるのか，いまもって分かっていません。

　光だって有限の速さですから，遠くを見ることは過去の姿を見ることなのです。お隣りの渦巻銀河アンドロメダは，250 万光年の距離にある……ということは，250 万年前の姿を，いま見ているわけです。人類誕生の頃に旅立った光が，いま地球に届いているのです。人里離れた所なら，アンドロメダは肉眼でもかすかに見えます。

第16回 反射・屈折の法則

すべてはホイヘンスの原理の下に

いままでは主に直線上を伝わる波を扱ってきましたが，これからは平面上や空間内を伝わる波にまで話が広がります。

■ ホイヘンスの原理

波の進行方向を示すのが射線——光なら光線だね——で，同位相，つまり同じ変位の点を連ねたのが波面です。たとえば，波面上の1点が山なら，その波面上はどこでも山になっているということ。そして，波の伝わり方を決めるのがホイヘンスの原理。

> **ある瞬間の波面上の各点から，球面状の波，素元波が出され，それらに共通に接する面（包絡面）が，次の瞬間の波面を形成する**

というものです。

こんな文章を丸ごと頭へ入れることはないよ。具体例で直感的にとらえた方がいい。図1は平面波のケースで，図2は球面波のケースです。赤の破線が新たにつくられる波面。水面波や音波が伝わっていく様子を，イメージするといいでしょう。

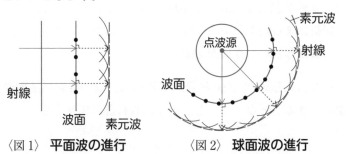

〈図1〉 平面波の進行　　　〈図2〉 球面波の進行

これらの図からも分かるように，**波面と射線は直交する**ことが大切です。それはどんなケースでも成り立ちます。とはいえ，図1にしろ2にしろ，何も大げさにホイヘンスの原理などと言われなくったって，波が伝わる様子ぐらい，小学生でも答えてしまいそうだね。ここまでの話では，あまり有難みがないんですね。

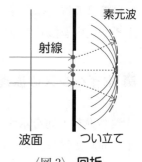

射線 ⊥ 波面

で，図3を見てください。平面波の前に，波を通さないつい立てを置いて，すき間を開けておくと……すき間に達した波面上の各点から素元波が出され，その包絡面をつくってみると，図のように曲面になるんですね。そして，射線を描くと射線は曲がって，波はつい立ての後方にも回り込むんです。これを何と言った？

……そうですね，**回折**です。よく回析と書く人がいる。波が回り込む，射線が折れ曲がるという意味ですよ。"析"はセキだよ，蛇足だけど。すき間の代わりに小さな障害物を置いても，回折が起こります。

〈図3〉 **回折**

これでやっとホイヘンスの原理の御利益にありつけたわけ。**回折は，すき間や障害物の大きさが波の波長程度か，もしくはそれ以下になると，はっきり目立って起こる**のです。

たとえば，音波は波長が長いから分厚い壁の後ろに立っていても，ドアが開いていれば，回折で部屋の中の話が聞ける。でも，中の状況は見えない。「光は直進する」って中学校で習ったでしょ。光だって波ですよ。

ただ，光の波長は1mmの1/1000よりさらに短いから，ドアのすき間では，回折はまったくといっていいほど起こらないのです。光を回折させるには，よほど狭いすき間が必要なんですね。

ホイヘンスの原理が本領を発揮するのは，次の反射の法則や屈折の法則が説明できることなんだけど，そこは教科書に任せましょう。

■ 反射の法則と鏡の不思議

波は2つの媒質の境界面にさしかかると反射します。そのとき，図のように**反射角は入射角に等しくなります**。これらの角は，境界面に立てた垂線（法線）から測ることが約束です。光が鏡で反射されるときの体験からも，分かりやすい法則ですね。

光源Pと鏡Aがあって，人がEの位置で見るとしようか。目に入る光線の経路を決めたい。どうします？……要領は，**Aに関して対称なP′をつくる**こと。この鏡像P′からEへ直線を引き，鏡Aとの交点Qを求める。これが反射点となるので，あとは P→Q→E と結べばいい。

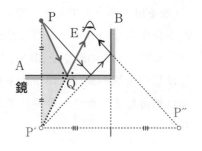

なぜなら，赤色と灰色の2つの三角形が合同だから，黒丸●の角度が等しく，反射の法則を満たしているからだね。Eの位置によらず，物体はP′にあるように見えます。

鏡Aの他に鏡Bがあるときには，BによるP′の鏡像P″を求めていけばいいんです。結局，P′とP″に物体が2つあるように見えます。三面鏡の前に立つと何人もの自分が見えるのは，誰でも経験しているでしょう。

ところで，鏡では左右が反転しますね。上の図ではP′は左右反転し，P″は2度反転するから，正常な姿に見えます。人間の顔は左右非対称にできているから，いつも鏡で見ている自分は，他人が見ている顔ではないんですね。

三面鏡で2度反射された顔を見るといいよ。それが君たちの本当の顔だから。意外と美人だったり，ハンサムだったりするかもね。まあ，あまり期待しない方がいいでしょうけど(笑)。

でも、「鏡は上下が反転しないのに、左右だけが反転するのはどうして？」
……そう思ったことありませんか。不思議ですね。

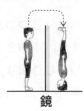

「上下だって反転するよ」と言った人がいます。左右が反転したと思うのは、鏡の裏に回り込んだ自分と比べているからですね。その回り込み方の問題だというのです。素直に床を歩いて回り込むから、左右の反転になる。鏡をはい上がって、そのまま裏へ回り込んでみろというわけ。逆立ちの姿になるでしょ。まさに上下の反転ですね。

「なるほどネー」でしょ。でもこうなると、何が何だか分からない？……本当は鏡は前後を反転させているんです。この説明を聞いたときは、「ウーン」としばしの苦悩の後に、ホトホト感心しました。皆さんは納得しますか？　今晩にでもゆっくり考えてください。

■ 屈折の法則

波が異なる媒質に進むと屈折します。媒質Ⅰ、Ⅱでの速さをv_1, v_2としよう。入射角をθ_1、屈折角をθ_2とすると、$\dfrac{v_1}{v_2} = \dfrac{\sin \theta_1}{\sin \theta_2}$ が成り立ちます。**波の速さは媒質の性質で決まるから、左辺の値は一定で、屈折率といいます。**媒質ⅠからⅡへ進むときの屈折率だからn_{12}と書くと、$n_{12} = \dfrac{v_1}{v_2}$

屈折率は波の速さの比で決まるのです。この値が一定だから、θ_1を増すとθ_2も増していきます。$\sin \theta$は$0° \leqq \theta \leqq 90°$では増加関数だからね。

屈折で大切なことは、**振動数が不変に保たれること。**媒質Ⅰ、Ⅱでの波長をλ_1, λ_2とすると、$v_1 = f\lambda_1$と

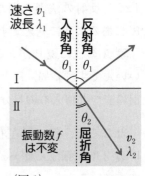

〈図1〉

屈折してもfは不変

$v_2 = f\lambda_2$ より $\dfrac{v_1}{v_2} = \dfrac{\lambda_1}{\lambda_2}$ ともなります。まとめてみると，

$$屈折の法則：\quad n_{12} = \frac{v_1}{v_2}\left(=\frac{\lambda_1}{\lambda_2}\right) = \frac{\sin\theta_1}{\sin\theta_2}$$

定性的なことも知っておいてください。波の
速さがより遅い媒質に進むと，図aのように屈
折します。$v_1 > v_2$ より $\sin\theta_1 > \sin\theta_2$，よっ
て $\theta_1 > \theta_2$ ということなんですが，**感じをつか
んでおいてほしいんです。**

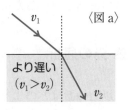

反対に，より速い媒質に進むときは，図bの
ように屈折します。

また，**波は逆行可能**ということも大切です。
つまり，来た道は戻れるのです。図a，bでも逆
行させてみてください。図が入れ替わりますよ。

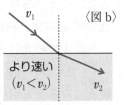

■ 全反射が起こるとき

　図bのケース，つまり波がより速い
媒質に進もうとするときですが，入射
角θ_1を大きくしていくと，屈折角θ_2が
先に90°に達してしまいます。このと
きの入射角θ_0を**臨界角**といい，これよ
り大きな入射角に対しては屈折波がな
くなってしまう――それが**全反射**です。

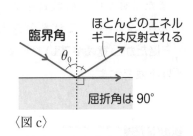

　もともと図1(→ p. 190)のように，屈折と反射
は同時に起こっています。入射波が運んでくる
エネルギーの一部は反射され，残りは屈折に向
かうのです。全反射では全部のエネルギーが反
射に回る。だから全反射なんですね。

**全反射は
より速い媒質へ
入ろうとするとき**

　臨界角θ_0を超えると全反射と言ったけど，θ_0のときは図cのように屈

折波を描いてはいても，そのエネルギーは事実上 0 なのです。つまり，θ_0 から全反射が始まっているといっていいのです。

「θ_0 で入射させると波はどう進む？」と尋ねると，ほとんど全員が「90° の屈折角で進む」と答える。事実は反射されるんですね。屈折波は屈折の法則を用いるため，形式的に描いているに近いのです。

■ 光の屈折

以上の話はどのような波でもいいんですが，光波（こうは）については特に知っておきたいことがあります。

光が真空中から物質中へ入ったときの屈折率 n を絶対屈折率といいます。真空中での光速を c，物質中での光速を v とすると，屈折の法則より $n = \dfrac{c}{v}$ ですね。光の速さは物質中では遅くなるので $n > 1$ です。式を書き換えてみると $v = \dfrac{c}{n}$ となる。これが絶対屈折率 n の媒質中での光の速さです。ここで大切なことは，波の速さは媒質で決まるので，真空から入ってきたかどうかに関係なく $\dfrac{c}{n}$ は用いられることです。

また，真空中での波長を λ，物質中での波長を λ' とすると，$n = \dfrac{\lambda}{\lambda'}$ よって $\lambda' = \dfrac{\lambda}{n}$ これも公式として使えます。**速さも波長も真空中の** $\dfrac{1}{n}$ **倍だから覚えやすいでしょ。**あ，言うまでもないと思うけど，振動数 f は不変ですよ。

問題 30 光の屈折・全反射

屈折率 n_1 の円柱状の棒 A とそれを取り巻く屈折率 n_2 の媒質 B がある。それらの端面は棒に垂直で空気に接している。真空中の光速を c，空気の屈折率を 1 とする。

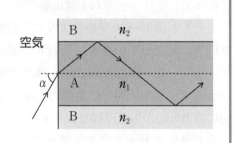

(1) 光がAからBに進む場合に全反射を起こさせるためにはn_1, n_2の間にどのような関係が必要か。また，その場合の臨界角をθ_0として$\sin \theta_0$を求めよ。

(2) 図のように空気中から入射角αでAに入射した光が，Bとの境界で全反射を繰り返してA内を進むためには，$\sin \alpha$に対してどのような条件が必要か。

(3) αの値によらず光がA内で全反射しながら進むためには，n_1，n_2に対してどのような条件が必要か。

空気の絶対屈折率は非常に1に近いので，断りがなければ，空気は真空と同じと思っていいのです。絶対屈折率を単に屈折率ということが多いのもそのせいです。「空気の屈折率を1」としているのは，念押しみたいなものだね。

(1)　全反射を起こすには，光の速さがBの方が速ければいいね。光の速さは$\dfrac{c}{n}$と表せるから，nが小さい方が速い。よって，**$n_1 > n_2$**だね。

n_1やn_2は真空(空気)中から光が入ってくるとき役立つ量で，物質間では直接用いるわけにはいかない。そこで工夫が必要ですね。A，B中での光速をv_1，v_2とおくと，AからBへ入る場合の屈折率n_{12}は，

$$n_{12} = \frac{v_1}{v_2} = \frac{c/n_1}{c/n_2} = \frac{n_2}{n_1}$$

右図のような臨界角θ_0の状況に対して屈折の法則を用いれば，

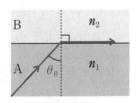

$$n_{12} = \frac{n_2}{n_1} = \frac{\sin \theta_0}{\sin 90°}$$

$$\therefore \quad \sin \theta_0 = \frac{n_2}{n_1}$$

「**$n \sin \theta =$一定**」という定理を知っている人は，

$$n_1 \sin \theta_0 = n_2 \sin 90°$$

として解けばいい。

知らない人のために説明しておくと，AからBへの入射角をθ_1，屈折角をθ_2とおくと，

$$n_{12} = \frac{n_2}{n_1} = \frac{\sin \theta_1}{\sin \theta_2} \qquad \therefore \quad n_1 \sin \theta_1 = n_2 \sin \theta_2$$

媒質の絶対屈折率nとその媒質中での角度θ（入射角か屈折角）を用いると，「$n \sin \theta = $一定」となるんですね。結構便利な定理ですよ。

(2) 右図のように屈折角をβとすると，AからBへの入射角は$90° - \beta$となるので，全反射を起こすためには，これがθ_0を超えていればいい。

$$90° - \beta > \theta_0$$

$\sin$は$90°$までは増加関数だから，両辺に$\sin$を付けても不等式は変わらない。そこで，

$$\sin(90° - \beta) > \sin \theta_0$$
$$\therefore \quad \cos \beta > \frac{n_2}{n_1} \quad \cdots ①$$

一方，空気中からAへの屈折はまさにn_1の屈折率そのままで，

$$n_1 = \frac{\sin \alpha}{\sin \beta} \qquad \therefore \quad \sin \beta = \frac{\sin \alpha}{n_1} \quad \cdots ②$$

$\cos \beta = \sqrt{1 - \sin^2 \beta}$と②より，①は，

$$\sqrt{1 - \left(\frac{\sin \alpha}{n_1}\right)^2} > \frac{n_2}{n_1}$$
$$\therefore \quad n_1{}^2 - \sin^2 \alpha > n_2{}^2 \qquad \therefore \quad \boldsymbol{\sin \alpha < \sqrt{n_1{}^2 - n_2{}^2}}$$

なにしろ扱っている量が正の量だから，2乗したり平方根をとったりするとき，数学のように不等式の向きに気を使わなくていいんです。

(3) いまの結果を利用すればいい。右辺の$\sqrt{n_1{}^2 - n_2{}^2}$の値が，たとえば0.9だったら，相当大きなαまでは不等式を満たせるけど，$90°$近くになったら$\sin \alpha$は1に近づくからダメになってしまう。……ということは，右辺の値が1より大きければ，すべてのαに対して大丈夫でしょ。

$\sqrt{n_1{}^2-n_2{}^2}>1$ または $n_1{}^2-n_2{}^2>1$ が答えだね。等号を入れてもいいで
すよ。

■ 問題の背景

　この問題は光ファイバーを題材にしています。ファイバーは髪の毛ぐ
らいの細さで弾力があり，多少曲げても全反射するので，たくさんのファ
イバーの束によって映像が伝えられ，胃カメラなどに利用されています。
　また，電話など普通の通信には電気信号が用いられるのですが，光ファ
イバーを利用した光通信の方が，ずっと効率よく情報が送れるのです。
全反射だからエネルギーの損失もないしね。最先端の技術という背景があ
るので，入試問題にもよく登場してくるんですよ。
　日本とアメリカを結ぶ海底ケーブルも，光ファイバーでできています。
太平洋を渡して敷設したんだから大したものだね。あの広い太平洋の，し
かも 4000 m の深さの海底にですよ。世界一長い物じゃないかな。でも，
海底ケーブルにも大敵がある。なんだと思いますか？　……なんとサメだ
そうです。サメにかじられることがあるんですね。おいしくないだろうに
ね(笑)。その修理の技術まで確立しているというから，また感心してしま
うんです。

■ レンズ —— 公式は１つで十分

　光の屈折を利用したのがレンズですね。レンズの焦点距離を f，レン
ズから物体までの距離を a，レンズから像までの距離を b として，

$$\frac{1}{a}+\frac{1}{b}=\frac{1}{f}$$

が成り立つことは習ったでしょ。レンズの公式はこれ１つで十分です。
　ただし，凸レンズなら f を正の値とし，凹レンズなら負の値としてやる
こと。また，b にも正・負があるよ。レンズの後方にできる実像のときは
正とし，前方にできる虚像のときは負とするんです。レンズから見て物体

がある側が前方，反対側が後方です。

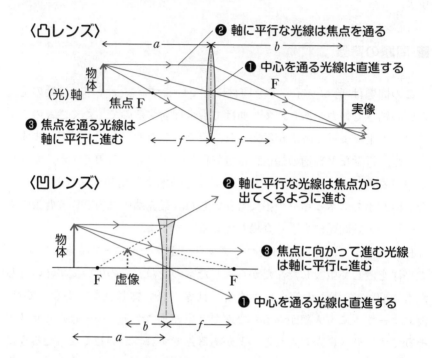

〈凸レンズ〉
❷ 軸に平行な光線は焦点を通る
❶ 中心を通る光線は直進する
物体
(光)軸
焦点F
F
実像
❸ 焦点を通る光線は
軸に平行に進む

〈凹レンズ〉
❷ 軸に平行な光線は焦点から
出てくるように進む
物体
❸ 焦点に向かって進む光線
は軸に平行に進む
F
虚像
F
❶ 中心を通る光線は直進する

　作図で求めるときは，光線❶〜❸のうちの2本を使えばよく，❶，❷が
よく用いられます。

　実像は実際にそこに光が集まってくるから，スクリーンを置けばクッキ
リと見えます。映画がそうだし，カメラもフィルム上に実像を作っている
わけ。一方，虚像はそこにあたかも物体があるかのように見えるんですね。
凸レンズでも焦点の内側に物体を置くと（$a < f$），虚像ができます。虫メ
ガネや望遠鏡などでは，拡大された虚像を見ているんですね。

　人間の目は，水晶体という凸レンズで，網膜というスクリーン上に実
像を作っているんです。ただし，bは一定なので，いろいろな距離aにあ
る物体を見るために，fの値を変えているんですね。水晶体を厚くしたり，
薄っぺらくしたりして。

ところで，

> 「プールで水中に潜ったとき，物を見るとボヤけて見えるでしょ。あれはなぜだか分かる？」

　水が眼に入って痛いから……ではない。空気に対する水晶体の屈折率と，水に対する屈折率が異なるためだね。水晶体は水に毛のはえた程度のものだから，ほとんど屈折しなくなってしまうんだ。

　でも，水中メガネをかけるとクッキリ見える。水中メガネといっても，単なる平面ガラスでしょ。それでクッキリ見えるようになるのは……再び空気から水晶体へ光が屈折するようになるからだね。眼からウロコが落ちた？　よかったね(笑)。

波　動

反射・屈折の法則

第17回 干渉(1)

干渉では距離差が活躍

■ 干渉の原点は水面波の干渉

水面上に波源を2つ置いて，同じように振動させます。すると，それぞれを中心に球面波（円形波）が広がっていく。図の黒の実線は山の波面を表し，点線は谷を表しています。これらが重なり合うわけですね。そして，実際に見える模様はというと……黒線のような同心円状ではないのです。まるで違って，赤線のようになるのです。

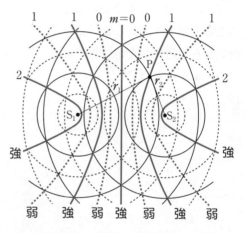

細い実線は山の波面，細い点線は谷の波面
波源はこの瞬間は山，数字は m の値

赤実線の所の水は激しく振動するし，赤点線の所の水はじっとしている。このように，2つの波が重なり合って起こす現象——それが干渉です。

赤実線の所は「強め合い」といっていますが，2つの波源から出た山と山が重なって（黒実線の重なり）水面が大きくふくれ上がったり，谷と谷が重なって（黒点線の重なり）深くへこんだりしている所です。そんな強め合いの位置Pが満たすべき条件は？ 2つの波源を S_1，S_2 とすると……

そうです，距離の差 $S_1P - S_2P$ が波の波長 λ の整数倍になればいいんだったね。整数を m として式で表せば，$S_1P - S_2P = m\lambda$ ですね。

■ あらためて考えると難問

「そんなこと知ってるヨ」と顔に書いてあるね。じゃあ尋ねるけど,「**なぜそんな条件になるの？**」……

図を見れば明らかだって？　確かに図のPは,いま山と山が重なっていて波源も山の状態だから,$S_1P = 2\lambda$,$S_2P = \lambda$ で距離差は $1 \cdot \lambda$ だね。波源 S_1, S_2 が山なら,そこから 2λ や λ 離れた位置も山になっている。だから強め合い——という説明をする人が多い。

でも,前ページの条件式は,$S_1P = 2.3\lambda$ で $S_2P = 1.3\lambda$ でもいいといっているんですよ。それでなぜ,山と山が出合えるんですか？

・・・・・・・・・・・・・・・・・

公式として知っている人は多いけど,ちゃんと理解している人は皆無に近い。いや,かく言う私もそうでした。受験生の頃はもちろん,大学生の時でさえ,きちんと答えられなかったんです,自慢じゃないけど(笑)。

■ まずは分かりやすいケースから

城攻めにたとえれば外堀から埋めていこう。まず,2つの波源から等距離にある点Pを考えてみよう。S_1, S_2 から出た2つの山は,同じ時間でPに達するでしょ。つまり,Pで重なる。だからPは強め合いの位置。これはいいね。S_1, S_2 で谷が発生すれば,Pでやはり重なり合う。

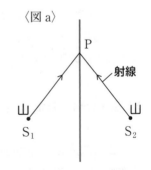

〈図a〉

強め合いの位置というのは,山と山が重なったままジッとしているわけではないんです。山と山が出合える位置なんです。半周期後には谷と谷がそこに来ています。だから1つの波の振幅を A とすると,振幅 $2A$ で激しく水が振動する位置なんですね。

S_1, S_2 から等距離の位置といえば,S_1S_2 の垂直2等分線(赤線)上ですね。これで強め合いの線が1本できました。

次はいよいよ本丸への攻撃。図 b のような一般の位置で考える。やはり S_1, S_2 が山となったときを考えてみよう。この 2 つが同時に P に達することはない。S_2 からの山が先に着いてしまうからね。さて，そのとき出合う相手の波は……といえば，QP＝S_2P となるような点 Q に今いる波でしょ。それは少し前に S_1 を出発した波です。

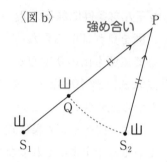

〈図 b〉 強め合い

図 b のとき，この Q に山（赤の山）がいてくれたら，S_2 からの山と P で重なる。S_1 が山のとき，Q にも山がいること。それには S_1Q が波長 λ に等しければいい。あるいは λ の 2 倍，3 倍，……m 倍になっていてもいい。

ところで，S_1Q＝S_1P－S_2P だから，S_1Q は 2 つの波源から P までの距離差でしょ。こうして，「距離差＝$m\lambda$」という強め合いの条件が得られるんです。

> 干渉の決め手は距離差

ところで，2 つの定点からの距離の差が一定になる点の軌跡は？ ……数学で習ったかな？ そう，双曲線です。p. 198 の図の赤実線は，S_1, S_2 を焦点とする双曲線群になっています。

■ 弱め合いの条件まではあと一歩

2 つの波源の一方から山がきたとき，他方から谷が同時にきていれば，重なり合って変位は 0。つまり，水面が静止している所が弱め合いの位置です。その条件を調べてみよう。さっきの要領で考えてほしいんだ。やはり，2 つの波源が山のときでいこう（図 c）。

S_2 の山と P で出合うのは Q にいる S_1 からの波。弱め合いだから，そこに谷がいてほしいわけ。S_1Q は山から谷への距離だから $\dfrac{\lambda}{2}$ ならいいでしょ。

でも，山のすぐ隣りの谷(谷$_1$)でなくて，もう1つ先の谷(谷$_2$)でもいい。すると $\frac{\lambda}{2} + \lambda$ だし，さらに1つ先の谷(谷$_3$)なら $\frac{\lambda}{2} + 2\lambda$ となる。一般に，距離差が $\frac{\lambda}{2} + m\lambda$ ならいいんですね。

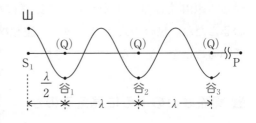

〈図c〉 弱め合い P

もう少しくわしくいうと，波源 S$_1$，S$_2$ の変位が y のとき，S$_1$ から $\frac{\lambda}{2} + m\lambda$ 離れた位置 Q の変位は $-y$ です。この $-y$ と S$_2$ の y が P で重なるから，$-y + y = 0$ となる。**弱め合いの位置は常に(合成)変位**

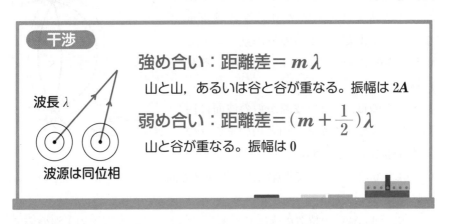

が **0** なんです。p. 198 の図では赤点線の所です。じゃあ，公式としてまとめておこう。

干渉

強め合い：距離差＝$m\lambda$

　山と山，あるいは谷と谷が重なる。振幅は $2A$

弱め合い：距離差＝$\left(m + \dfrac{1}{2}\right)\lambda$

　山と谷が重なる。振幅は 0

波長 λ

波源は同位相

少し補足しておくと，強め合いは「距離差 $= 2m \cdot \dfrac{\lambda}{2}$」，弱め合いは「距離差 $= (2m + 1)\dfrac{\lambda}{2}$」と書くこともでき，それぞれ半波長の偶数倍，半波長の奇数倍といって区別することもあります。好みの問題ですね。

以上は波源が同じように，つまり同位相で振動しているときの話です。

では,「波源が逆位相だったら，条件式は
どうなる？」

　逆位相というのは，一方が山を出すとき，
他方は谷を出すという状況ですね。2つの
波源は完全に逆方向に振動しているんです。

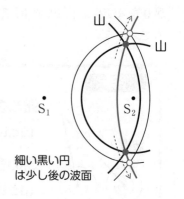

　強め合いなら右の図のようになればいい
から，距離差 S_1Q は山から谷への距離になる。つまり，**条件式が入れ替
わる**んだね。黒板の式は，あくまで「波源が同位相」という前提で成り立っ
ていることを，忘れないでください。

■ 実際はどのように見えるのか

　p. 198 の図で1つの赤線上，強め合いの
位置をたどって見ていくと，山と山が重
なって大きくふくらんだり，谷と谷が重
なってへこんだり，1つの波が見えるんで
すね，赤線に沿ってですよ。しかも，それ
が外へ外へと伝わっていく。

　というのは，2つの波源からの波面は円
形に広がっていくから，山と山の重なりの
位置も動くでしょ。●から○へとね。強め合
いの線上では，こうして振幅 $2A$ の波が2方向へ分かれて伝わっていくよ
うに見えるんですね。

　一方，弱め合いの位置の水はじっとしている。それが実際の干渉の姿で
すね。実験してみると，ザワザワしている強め合いの線より，むしろ弱め
合いの線の方が目立ちます。

　水面波の話で進めてきましたが，音波とか任意の波も，同じように干渉
を起こすという認識が大切ですよ。

問題 31 波の干渉

xy 平面上の座標 $(-3, 0)$ と $(3, 0)$ の 2 点に置かれた波源 S_1 と S_2 から波長 4 cm の波が同位相で送り出されている。座標の単位は cm である。

(1) 図の A, B, C, D の各点で波は強め合っているか, それとも弱め合っているか。

(2) 線分 S_1S_2 上 $(-3 \leq x \leq 3)$ には強め合いの位置が何箇所生じているか。

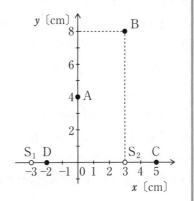

(3) S_1 を座標 $(-4.5, 0)$, S_2 を $(4.5, 0)$ の位置に置き, 逆位相で振動させると, 平面上で強め合いの線は何本現れるか。

(1) 2 つの波源からの距離差を調べていこう。**A は波源からの距離が等しいから, 明らかに強め合い**だね。y 軸上は, すべて強め合いです。

B は $S_1B = \sqrt{6^2 + 8^2} = 10$ で, $S_2B = 8$ だから, $S_1B - S_2B = 2 = \dfrac{\lambda}{2}$ だ。$\lambda = 4$ だからね。これは**弱め合い**。

C は 距離差 $= 8 - 2 = 6 = 4 + 2 = \lambda + \dfrac{\lambda}{2}$, やはり**弱め合い**。

また, **D は** $5 - 1 = 4 = \lambda$ で**強め合い**。どう？ 簡単でしょ。

(2) S_1 から P までの距離を l とすると, $S_1S_2 = 6$ だから $S_2P = 6 - l$ だね。距離差は,

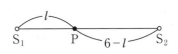

$$l - (6 - l) = 2l - 6$$

これが $m\lambda$ に等しいから,

$$2l - 6 = m \times 4 \qquad \therefore \quad l = 2m + 3$$
$$0 \leq l \leq 6 \quad \text{より} \qquad 0 \leq 2m + 3 \leq 6$$
$$\therefore \quad -1.5 \leq m \leq 1.5$$

よって，$m = -1, 0, 1$ の **3箇所**ですね。「距離差」は(1)のように距離の大きい方から小さい方を引いて扱い，m は 0 以上の整数とするのがふつうです。でも，いまのように大小関係がはっきりしない場合は，m に負の整数も含めてしまうといいんですよ。全体の模様は右図のようになっています。C に限らず，C' のような位置は，$S_1C' - S_2C' = S_1S_2 = 6 = \lambda + \dfrac{\lambda}{2}$ で弱め合いです。x 軸上，波源の両側がそうです。

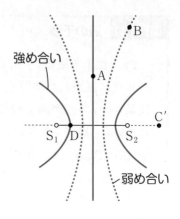

■ もっと要領よく

実はもっと簡単に解けるんですが，その前に1つ質問。

「線分 S_1S_2 上だけを見るとどんな波が見られますか？」

S_1 から右へ進む波と S_2 から左へ進む波とがあるから……気がついた？ **逆行する2つの波の重ね合わせで，定常波が生じているん**ですね。

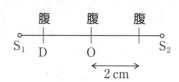

強め合いの位置は，山と山が重なる位置だから，定常波では腹の位置だったね。一方，**弱め合いは常に変位が 0**。だから節の位置。つまり，(2)は腹の個数を答えればいいわけ。そして，S_1 と S_2 の中点——ここでは原点——は腹でしょ。**中点なら S_1, S_2 で発生した山が同時に出合えるからね。**

あとは腹と腹の間隔 $\dfrac{\lambda}{2} = \dfrac{4}{2} = 2\,\mathrm{cm}$ で，イモヅル式に追っていくだけのこと。図を描くだけで3箇所と分かるんです。**定常波も干渉の一種**だったんですよ。

腹	腹	腹

S_1 D　　O　　S_2
$\overset{\longleftrightarrow}{2\,\mathrm{cm}}$

なお，S_1 の左側や S_2 の右側では定常波はできないよ。1つ前の図から分かるように，同じ向きに2つの波が進ん

でいるからね。この問題の場合は、たまたま2つが打ち消し合って、波は消えてますけど。

(3)　いまやった解き方でいこう。S_1 が山を出したとき、S_2 からは谷が出て、**中点（原点）では打ち消し合うから、原点は節になる**ね。あとは半波長2 cm ごとに節があって、腹はその間にあるから、図から4個の腹があることが分かる。それはそのまま、強め合いの線の本数でもある。よって、**4本**だね。

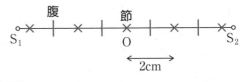

腹　　　節

S_1　　　　O　　　　S_2

2cm

　波源が逆位相なら、p. 198 の図では赤実線と赤点線が入れ替わります。

■ ヤングの実験の本質をつかむ

　これから先は光の干渉の話へ入ります。図1のように、平行光線を2つの細いスリットに通してみると、スクリーン上に縞模様ができます。次ページの図2は横から見た図。

〈図1〉

明線

スリット2つ

光

スクリーン

　スリットの間隔 d は1 mm より狭く、1つのスリットの光を通す幅は、カミソリの刃先（はさき）のように狭い。だから光といえども、ある現象を起こす。何だった？　……波が狭いすき間を通ると……回折するんだったね。2つのスリットで回折された光は、スリットを中心として球面波——正確には円柱面波かな——となって広がる。ここまできたら気がついてほしいんだな。だってさっきやったばかりでしょ。

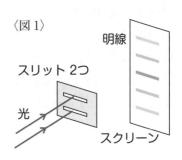

ヤングの実験
本質は
水面波の干渉
と同じ

205 •

まだ分からない人は図を90°
回して見てごらん。そう，**水面
波の干渉と同じ状況に入ってき
ている**でしょ。だからp.198の
図のように，強め合いの双曲線
（面）ができている。それは目に
は見えないけど，スクリーンと
交わる所が明るく光る。この図
2では赤点で表していますが，
紙面に垂直な方向は同じことだ
から，図1のように縞模様が見
えるのです。

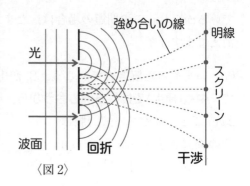

〈図2〉

スクリーンまでの距離を l と
し，中心Oから点Pまでの距離
を x とします。l が d や x に比べ
て十分大きいときは，距離差は
$S_1P - S_2P \fallingdotseq \dfrac{dx}{l}$ と近似できる

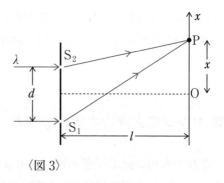

〈図3〉

んですが，細かい計算は教科書に任せよう。実際には l は数 m であり，x
は数 cm，d は 1 mm 以下ですから，この近似が通用するんですね。

強め合いの位置（明線）の条件や，弱め合いの位置（暗線）の条件がどうな
るか，もういいですね。整数 m を用いて，

$$明線：\frac{dx}{l} = m\lambda \qquad 暗線：\frac{dx}{l} = \left(m + \frac{1}{2}\right)\lambda$$

**回折と干渉こそ波の2大特徴です。ヤングの実験は，光が波であること
を如実に示してもいるんですね。**

回折と干渉はよく尋ねられる用語だから，必ず漢字で書けるようにね。
汗渉なんて答えを見ると，汗かいて書いているなと見抜かれますよ（笑）。

問題 32　ヤングの実験

　前ページ図3のように間隔 d の2つのスリット S_1，S_2 に波長 λ の平行光線を当てたら，距離 l 離れたスクリーン上に縞模様が現れた。S_1，S_2 から等しい距離にあるスクリーン上の点を原点 O として上向きに x 軸をとる。d とスクリーンの大きさは l に比べて十分に小さいものとする。

(1) 明線のできる位置 x を，整数 m を用いて表せ。

(2) 明線の間隔 Δx を求めよ。

(3) $d = 0.30$〔mm〕，$l = 1.5$〔m〕のとき，$\Delta x = 2.6$〔mm〕であった。λ は何〔m〕か。

(4) 前問に続き，装置全体を屈折率 n の液体中に入れたところ，明線間隔は $2.0\ \mathrm{mm}$ となった。n はいくらか。

(1)　明線の条件より，

$$\frac{dx}{l} = m\lambda \qquad \therefore \quad x = \frac{m\lambda l}{d} \quad \cdots ①$$

　x は距離でなく座標とすると便利です。対応して m に負の整数もとらせると，全範囲がカバーできます。

(2)　求めた x の値は m によるから x_m と表記すると，間隔は x_{m+1} と x_m の差となるから，

$$\Delta x = x_{m+1} - x_m = \left\{ (m+1) - m \right\} \frac{\lambda l}{d} = \frac{\lambda l}{d}$$

　Δx は m の値によらない一定値だから，**縞模様は等間隔でできる**ことが分かる。知っておきたいことですね。

　実はこのように計算するまでもなく，**m が1増すと x がどれだけ増すか**を，①式で考えてみると早いんですよ。m を $m+1$ に置き換えてみると……「$1 \times \dfrac{\lambda l}{d}$ だけ x が増す」と読み取れるでしょ。それが間隔 Δx です。

(3)　(2)の結果を書き換え，〔m〕単位で計算すると，

$$\lambda = \frac{d\Delta x}{l} = \frac{0.30 \times 10^{-3} \times 2.6 \times 10^{-3}}{1.5} = 5.2 \times 10^{-7} \text{〔m〕}$$

ヤングはこうして光の波長を知ったのです。とても短くて，物差しで測れる値じゃないでしょ。でも，Δx はちゃんと測れる量です。可視光線の波長範囲はおよそ400〜800 nmと覚えておくとよいでしょう。n(ナノ)は10^{-9}を表し，いまの場合は520 nmです。ふつうは可視光線で実験するので答えのチェックにも役立ちます。

(4)　屈折率nの媒質中では光の波長λ'は$\dfrac{\lambda}{n}$となることに注意すればいい。さっきとは違う所に明線ができるので，xの代わりにx'とおくと，

$$\frac{dx'}{l} = m\lambda' = m\frac{\lambda}{n} \qquad \therefore \quad x' = \frac{m\lambda l}{nd}$$

mが1だけ増すと，x'は$\dfrac{\lambda l}{nd}$だけ増す。それがこんどの明線の間隔$\Delta x'$だね。あとは1つ1つの値を入れてもいいけど，

$$\Delta x' = \frac{\lambda l}{nd} = \frac{\Delta x}{n} \qquad \therefore \quad n = \frac{\Delta x}{\Delta x'} = \frac{2.6}{2.0} = 1.3$$

> 「装置全体を液体中に入れるのではなくて，スリットの左側だけを液体中に入れたら縞模様の間隔はいくらになりますか？　また，スリットとスクリーンの間だけを液体中に入れたときはどうですか？」

　これはセンター試験(今は共通テスト)の問題です。本質がつかめている人には何でもない問題のはずですよ。

················

　干渉はスリットとスクリーンの間で起こることで，そこでの波長がどうかということだね。だから，スリットの左側だけを液体中に入れても関係ないから2.6 mmで，スリットとスクリーンの間だけを入れれば2.0 mmですね。

■ 距離差から光路差へとパワーアップ

　真空中で波長 λ の光が絶対屈折率 n の媒質中を進むときには，波長が $\dfrac{\lambda}{n}$ と短くなっているので，l の距離は真空中なら nl の距離に相当するのです。nl を光学距離（光路長）といいます。図を見てください。媒

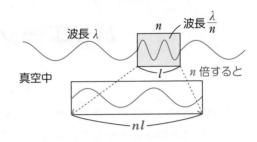

質中の部分だけ n 倍に拡大してみると，全体は波長 λ の素直な波になるでしょ。そのかわり，l の長さは nl になっている。

　光がいろいろな媒質中を通ってきたとしても，光学距離を求めてみれば，その距離だけ真空中を旅してきたのと同じことになるんですね。光の干渉は 2 つの光の光学距離を求め，その差を出すと，真空中の波長 λ で対処できるんです。**光学距離の差を光路差**といいます。距離差を発展させたんだね。

　まあ，理屈はソコソコにして，さっきの問(4)を光路差を用いて解いてみると，

$$n \cdot \mathrm{S_1P} - n \cdot \mathrm{S_2P} = n(\mathrm{S_1P} - \mathrm{S_2P}) = n\dfrac{dx'}{l}$$

　このように 1 つの媒質だけなら，光路差は（屈折率）×（距離差）となります。**明線条件は「光路差＝$m\lambda$」とおけばいい。λ はもちろん真空中の波長です。**

$$n\dfrac{dx'}{l} = m\lambda \qquad \therefore \quad x' = \dfrac{m\lambda l}{nd}$$

以下は同じだから省略。

　距離差（経路差とか道のりの差ともいう）よりも，**光路差の方がより広範囲の光の干渉問題に対処できる**のです。早く慣れてほしいですね。光の干渉の話は，次回にも続きます。

第18回 干渉(2)
バリエーションを押さえる

今回は前回の続きで，メインテーマは光の干渉ですが，その前に光の反射についての知識を増やしておかなければいけません。

■ 光が反射するときの位相の変化

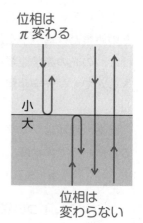

位相は
π 変わる

小
大

位相は
変わらない

ある媒質を通ってきた光が，屈折率のより大きい媒質に出合って反射すると，位相が π だけ変わります。山が谷に変身する——**固定端反射**ですね。変位 y が $-y$ になり，"半波長分変わる"といってもいいです。

反対に，屈折率のより小さな媒質に出合って反射するときには，位相は変わりません。山は山のままで反射する——**自由端反射**です。また，透過や屈折では位相は変わりません。

これらを丸ごと頭に詰め込もうとするから大変になる。全部覚えるのはウンザリする話で，1つだけ覚えておけばいいんです。「**より大きな屈折率の媒質に出合って反射するときだけ π 変わる**」と。他のケースはすべて変わらないんだからね。

なぜ，屈折率の大小で位相が変わったり，変わらなかったりするのか，その理由は今の所は抜きにして下さい。やがて大学で習うことになります。

これで準備は OK。では問題に入ってみよう。

問題 33 薄膜の干渉

屈折率 $n = 1.6$ の薄膜に空気中で波長 $\lambda = 4.8 \times 10^{-7}$〔m〕の光を垂直に当て反射光を観察する。

(1) 反射光が強め合う条件を，λ，n，薄膜の厚さ d〔m〕と整数 $m (m = 0, 1, 2, \cdots\cdots)$ を用いて文字式で表せ。

(2) 反射光が強め合うための薄膜の厚さの最小値はいくらか。数値で答えよ。

薄膜の厚さを $d = 5 \times 10^{-7}$〔m〕とし，可視光線を当てる。可視光線の波長 λ〔m〕は $3.8 \times 10^{-7} \leqq \lambda \leqq 7.8 \times 10^{-7}$ とする。

(3) 反射光が強め合う波長をすべて求めよ。

(4) 続いて，薄膜を屈折率 1.8 のガラス上に密着させて反射光を見るとき，強め合う波長をすべて求めよ。

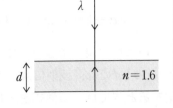

(1) 薄膜に入射した光は，右の図のように上面で反射して戻る光 a と，膜の中に入った後，下面で反射してから戻る光 b とに分かれる。この a と b が干渉するんですね。まず，a は屈折率の大きい膜で反射したのだから，位相は π 変わる。一方，b は膜より屈折率の小さな空気に出合っての反射だから，位相は変わらない。

入射波が薄膜の上面で山だったとすると，光 a は谷に変身している。すると，光 b もそこで谷になっていればいい。谷と谷が一緒になって目に入れば，強め合って明るく見えるというわけ。谷と谷だって強め合いだよ。半周期後には，山と山が目に入ってきます。A→B→C とたどってみると $2d$ の長さになっていて，薄膜中で山から

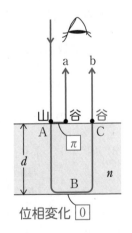

位相変化 $\boxed{0}$

谷に移っている。山から谷といえば，薄膜中での波長を λ' として，$\dfrac{\lambda'}{2}$ $+m\lambda'$ の距離。そこで，

$$2d = (m + \frac{1}{2})\lambda' = (m + \frac{1}{2})\frac{\lambda}{n}$$

ていねいに追ってきたんですが，実際にはａとｂの距離差（経路差）はABCの $2d$ だし，反射によって一方が π だけ変化するときには，条件式を入れ替えてやればいいんです。通常は『$m\lambda$ 型』で強め合いですが，『$(m + \frac{1}{2})\lambda$ 型』にね。

ただし，n の媒質中ですから λ' を用いることは忘れないように。また，反射すると d でなく，往復の距離 $2d$ になることも要注意ですよ。

> 反射があると注意
> ・位相の変化
> ・往復の距離

光路差で考えてみよう。ａとｂの光路差は $n \times 2d$ で，反射でａの位相が π 変わるので，

$$2nd = (m + \frac{1}{2})\lambda \quad \cdots ①$$

この場合の右辺の波長は，真空中の波長ですよ。もちろん距離差で求めた前の式と同じ内容です。

(2) ①に数値を代入してみると，

$$2 \times 1.6d = (m + \frac{1}{2}) \times 4.8 \times 10^{-7} \quad \therefore \quad d = 1.5 \times 10^{-7}(m + \frac{1}{2})$$

$m = 0$ のとき，d は最小となるから，$d = 7.5 \times 10^{-8}$〔m〕

(3) やはり①より，

$$\lambda = \frac{4nd}{2m+1} = \frac{4 \times 1.6 \times 5 \times 10^{-7}}{2m+1} = \frac{32}{2m+1} \times 10^{-7}\text{〔m〕}$$

$m = 0, 1, 2, \cdots\cdots$ を順次代入していって，可視光線に該当する波長を取り出してみると，

$$m = 2 \text{ のとき} \qquad \lambda = 6.4 \times 10^{-7}\text{〔m〕}$$
$$m = 3 \text{ のとき} \qquad \lambda = 4.6 \times 10^{-7}\text{〔m〕}$$

(4) こんどは a, b ともに反射の際, 位相が π 変わる。**両方が π 変われば, 強め合う条件はふつうどおり『$m\lambda$型』でいいんです。**山と山で出合う予定が, 両者変身して谷と谷の出合いになるだけのことだから。光路差でいくよ。

$$2nd = m\lambda$$

$$\therefore \quad \lambda = \frac{2nd}{m} = \frac{2 \times 1.6 \times 5 \times 10^{-7}}{m} = \frac{16}{m} \times 10^{-7}\,(\text{m})$$

$m = 3$ のとき $\qquad \lambda \fallingdotseq 5.3 \times 10^{-7}\,(\text{m})$

$m = 4$ のとき $\qquad \lambda = 4 \times 10^{-7}\,(\text{m})$

シャボン玉や水面に広がった油膜が色づいて見えるのは, 同じ原理ですね。ところで,

「薄膜を空気中に置いて透過光を見ると, つまり薄膜の下側から上を見るとき, 強め合う条件式はどうなる？」

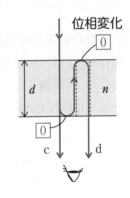

右図のように真っすぐ透過してくる光 c と, 2 度反射してくる光 d の干渉となります。距離差が $2d$ (黒点線の部分)であることと, 反射による位相の変化はないことを考えて, $2nd = m\lambda$ が強め合いの条件ですね。

これは反射光の干渉では, 弱め合いの条件だったことに注意を向けてほしいんだ。反射しないときは, 光(のエネルギー)は当然透過の方へいっているはず。つまり**エネルギー保存則**から, 「反射と透過は逆条件となる」ことは自明でもあるんですね。

なお, $m = 0$ のときは $d = 0$ になってしまうので, 気になる人は $2nd = (m + 1)\lambda$ としてもいいです。$d = 0$ では膜がなくなってしまうというわけですが, $2nd = m\lambda$ では $d \ll \lambda$ で $d \fallingdotseq 0$ のケースを含めているんです。厚さが無視できる薄膜も O K ということですね。

問題 34　くさび形薄膜の干渉

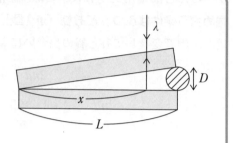

　長さ L の２枚の板ガラスを重ね，右端に極めて細い針金（直径 D）をはさみ込んで，くさび形の空間をつくった。真上から波長 λ の光を当てると，縞模様が見られた。

(1) 左端から x の位置で明線ができるための条件式を書け。

(2) 縞模様の間隔を a として，針金の直径 D を a, λ, L で表せ。

(3) ガラス間に液体を入れたところ，縞模様の間隔は $\dfrac{3}{4}a$ になった。液体の屈折率 n を求めよ。

　くさび形の空間が薄膜の役目をします。［問題 33］では薄膜の厚さが一定だったけど，こんどは場所によって変わっているだけのこと，原理は同じです。［問題 33］の場合には，強め合えば膜全面が輝いたんですが，この場合は縞模様が見られます。

(1)　右の図のような２つの反射光の干渉ですけど，図はあくまでも説明のためのもので，**実際にはくさび形の空間は目に見えないほど狭いんですね**。現実通り描いたら，２枚のガラス板は線の太さのためにくっついてしまうんです。それに比べて，ガラス板の厚みは圧倒的に分厚い。だから**図は厚みについては，まるでウソッパチなんです**。

　光の干渉は，光路差が小さくないとはっきりと起こらないのです。だから［問題 33］でも薄膜と断っていたんです

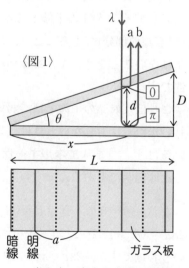

〈図1〉

〈図2〉　真上から見た様子

よ。反射は上のガラス板の上面でも起こるし，下の板の下面でも起こるんだけど，他の光との光路差が大きすぎてダメなんだね。ガラス板の厚みが1 mm としても厚すぎるんだ。光 a を真上への反射としているのも，**上のガラス板は事実上，水平になっている**からなんですよ。

さて，ガラス間の間隔を図のように d とすると，光路差は――といってもこの場合は距離差と同じで――$2d$ だね。$d = x\tan\theta$ だから，

$$2d = 2x\tan\theta = 2x \cdot \frac{D}{L}$$

下のガラス板との反射の際だけ位相が π 変わるから，強め合いの条件は，

$$2x\frac{D}{L} = \left(m + \frac{1}{2}\right)\lambda \qquad m = 0,\ 1,\ 2,\ \cdots$$

整数 m は問題文にない量ですから，自分で定義を書いておくこと。

(2) いまの式から x を求めてみると，

$$x = \left(m + \frac{1}{2}\right)\frac{\lambda L}{2D}$$

m が1増すごとに……頭の中で m の代わりに $m+1$ としてみると，x は $1 \times \dfrac{\lambda L}{2D}$ だけ増すから，

$$a = \frac{\lambda L}{2D} \qquad \therefore \quad D = \frac{\lambda L}{2a}$$

図1で紙面に垂直な方向は同じ d **だから，真上から見ると，図2のように明線となって見えるのです。**a **は一定だから，縞模様は等間隔でできる**んですね。ついでのことに，暗線の条件は $2d = m\lambda$ だから $m = 0$ に当たる $d = 0$，つまり**左端は暗線になっている**んです。

(3) こんどの光路差は $n \times 2d$ だね。さっきとは違う所に明線ができるから，x は x' として，

$$n \times 2x'\frac{D}{L} = \left(m + \frac{1}{2}\right)\lambda \qquad \therefore \quad x' = \left(m + \frac{1}{2}\right)\frac{\lambda L}{2nD}$$

m が1増すと，x' は $\dfrac{\lambda L}{2nD}$ 増すから，新しい縞の間隔 a' は，

$$a' = \frac{\lambda L}{2nD} = \frac{a}{n} \qquad \therefore \quad \frac{3}{4} = \frac{1}{n}$$

$$\therefore \quad n = \frac{4}{3} \fallingdotseq 1.3$$

■ 疑問は残る

どうです？ 納得できた？ 本当は首をかしげてほしいところがあったんですよ。……

n とガラスの屈折率の大小関係が与えられていないでしょ。まあ常識的には液体の方が小さいから，反射による位相変化は前と同じでいいんだろうけどね。でも，もしも n の方が大きかったとしたら……いや，そんな液体もないわけではないんですよ……光 a の位相が π 変わり，b が変わらないから，結局，条件式は同じになるんですね。

という話をすると，「じゃあ，n とガラスの屈折率 n_G が一致していたら？ ……」と揚げ足を取る人が出るんですね（笑）。物質が違えば屈折率も違うんです。でも仮に，$n = n_G$ だったとしたら，どうなるんでしょうね？ ……

屈折率が同じなら光学的には同じ物質だから，もともと境界面がないことになって，反射しないんですね。全体が 1 つのガラスになって，干渉はなくなってしまいます。

■ 透明人間になったら……

透明人間という話があるでしょ。透明人間になるには……体を空気の屈折率と等しくしてしまえばいいんです。光が反射しなくなるから（素通りするから），まったく見えなくなってしまいます。

もちろん化学的にも生物学的にも無理ですよ。でもこれも仮定の話で，透明人間になれたとして……なってみた途端，とんでもないことになっているのに気がつくんだ。それは何か分かるかな？

目が見えないんだ！　だって，目のレンズ，水晶体で光を屈折させて網膜に像を結ばせているわけでしょ。屈折率を空気に合わせてしまったから，像ができないんです。「さあ，透明人間になったから，いろいろな所に行ってノゾキ見しよう」と思ったとき，誤りに気づくわけ。なんたる悲喜劇！　目のレンズだけ残せばいいって？……それじゃあ目玉だけが動いているのが，他人から見えてしまうよ(笑)。

■ 回折格子

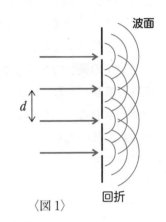

〈図1〉

　図のように，**等間隔で数多くのスリットをもつものを，回折格子**といいます。スリットの間隔(格子定数)d がたいへん小さい。縦方向 1mm 当たり数十本から数千本のスリットがあるんです。1mm 当たり 100 本なら，$d = \dfrac{1}{100} = 0.01$〔mm〕です。

　回折格子に波長 λ の平行光線を当てると，**各スリットで光は回折され，いろいろな方向へ進むんですが，実際には干渉が起こって，いくつかの特定の方向にだけ進むことになります。**その条件を調べてみよう。

　図2のように角 θ 方向への光 p と q を考え，A から垂線(赤点線)を下ろす。射線に対しての垂線だから，AC は波面を考えているのと同じことだね。A，B に山がきているとき，C に山がいてほしいというわけ。線分 BC は山から山までの距離だから，λ の m 倍だね。
BC ＝ AB sin θ ＝ d sin θ だから，条件は，

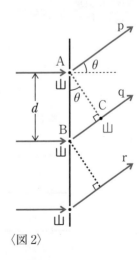

〈図2〉

回折格子：$d \sin \theta = m\lambda$

となる。BC は p と q の経路差ですね。

平行光線の光路差を調べるには，光線に垂線を入れてみること，それが
解法のキーポイント。A，Bの山は一緒に進んできたんだけど，これから
θ方向へAと一緒に進むのは，Cの山に
なる。旅の相手が変わるんだ。

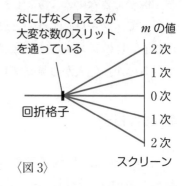

〈図3〉

　これで十分です。pとqが強め合えば，
qとrも強め合う。以下同様で……すべ
てのスリットを通り抜けた光が，θ方向
へまた平行光線となって進むことになり
ます。上式を満たすθは特定の値しかな
いし，当てる光線の幅は狭いから，図3
のような感じになるね。

ヤングの実験のようなボンヤリした明線ではなく，クッキリとした明線
になります。また，波長λが変わると，θが変わりスクリーン上に現れる
位置が変わる（mは同じ値として）。そこで，回折格子は分光――つまり，
どんな波長の光がどれくらいの割合で含まれているかを調べるのに利用さ
れています。星や銀河からの光を調べる天文学にとっては，なくてはなら
ない装置で，光のドップラー効果から宇宙膨張が分かったのも回折格子の
お蔭です。

問題 35　回折格子

　1 mm あたり 250 本の溝を刻んだ回折格子の格子面に垂直に単色の
平行光線を当てる（図1）。そして，回折格子の大きさに比べて十分遠
く離れた位置に格子面と平行にスクリーンを置き，回折光を観測した。

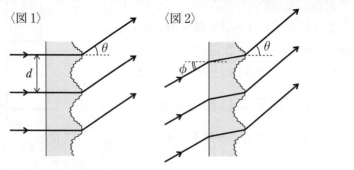

(1) 4次の回折光が $\theta = 30°$ の方向に現れていた。光の波長は何〔m〕か。

(2) 前問において、スクリーン上で4次の回折光による明線が現れる位置をPとする。いま、光の波長を徐々に短くしていくとき、Pでは一度暗くなり、再び明るくなるのが観測された。再び明るくなったときの波長は何〔m〕か。

(3) 図2のように、角 ϕ の方向から波長 λ の光を入射させたとき θ の方向で強め合うための条件式を、d、λ、ϕ、θ と整数 m を用いて表せ。

精密な回折格子は、ガラス板に多数の平行な引っかき傷(きず)を付けて作っています。問題の図でギザギザしているところが傷で、ここに達した光は乱反射されて、周(まわ)り全体をボーっと明るくするだけで関係なし。スリガラスと同じだね。**大切なのは傷を付けられなかった部分。そこは透明で、スリットのように光が通り抜け回折するんです。**

(1) まず、格子定数 d を押さえておこう。

$$d = \frac{1 \times 10^{-3}}{250} = 4 \times 10^{-6} \text{〔m〕}$$

公式の整数 m を次数といいます。$m = 4$ だから、

$$d \sin\theta = 4\lambda$$
$$4 \times 10^{-6} \sin 30° = 4\lambda \qquad \therefore \quad \lambda = 5 \times 10^{-7} \text{〔m〕}$$

(2) $d \sin\theta = m\lambda$ において、d と $\theta\,(=30°)$ は一定だから、$m\lambda$ が一定でしょ。いま波長 λ を短くしていくんだから、m は大きくなるはず。——といっても、m は整数だから、次に強め合えるのは $m+1$ になったときだね。

$m = 4$ だから、次は5と決まる。

$$4 \times 10^{-6} \sin 30° = 5\lambda' \qquad \therefore \quad \lambda' = 4 \times 10^{-7} \text{〔m〕}$$

ところで、

> 「黄，赤，青の 3 色の光を同時に当てると，中央の 0 次の明線は何色
> になる？　また，1 次の明線は中央から何色の順に並ぶ？」

　中央は波長 λ によらず明線になります。だって，$\theta = 0$ のとき $m = 0$ で
公式が成り立つでしょ。もともとスリットを真っ直ぐに抜ける光があるの
は，当然のことです。

　さて，0 次は黄，赤，青が重なるから，ほぼ白になる。**白はすべての波
長の可視光線が重なったときの色**です。次に 1 次。$d \sin \theta = 1 \cdot \lambda$ より，
λ が大きくなるほど，θ が大きくなる。**青，黄，赤の順に波長が長くなる**
から，中央からの色の順も同じですね。この 3 色の波長の順は知っておい
てください。交通信号と同じ順だよ。

(3)　ガラス中の距離は等しいことに注意。
ガラスの外だけで光路差を追えばいいん
です。平行光線だから垂線を下ろしてと
……光路差は赤線 AB と CD の差でしょ。
図から，

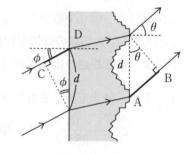

$$AB - CD = d \sin \theta - d \sin \phi$$
$$\therefore \quad \boldsymbol{d(\sin \theta - \sin \phi) = m\lambda}$$

　AB と CD の大小関係はよく分からないから，右辺の整数 m は負の値
もとると思っておけばいいんです。だから引き算の順序を入れ替えてもい
いですよ。左辺に絶対値を付け，$m = 0, 1, 2, \cdots\cdots$ としてもいいけどね。

　間違ってほしくないのは，**左の面では屈折が起こっているんだし，右の
面では回折が起こっている**ということ。右面からは，上式を満たすいくつ
かの θ 方向に光は進んでいるからね。

　では，最後に光の干渉のまとめをしておこう。

光の干渉条件

1 光路差 L を求める(平行光線の場合は垂線を入れてみる)。

反射がなければ 　強め合い 　$L = m\lambda$ ── 真空中の波長

弱め合い 　$L = \left(m + \dfrac{1}{2}\right)\lambda$

2 位相が π 変わる反射が全体で奇数回あると条件式を入れ替える。

　ここで一言。光の干渉では各所で近似の見方をしてきました。「数学と違って，物理は厳密性に欠ける」と非難する人がいますが，的はずれです。数学は定められたルールの中で，何が言えるのかを追究しているのに対し，物理は自然を相手にしているのです。**複雑極まる現象の中から何が本質的なことなのか，それをえぐり出しているのが近似なのです。**大げさに言えば。

■ 色即是空

　光の干渉は「光路差が小さいこと」が前提条件だといいましたが，それはふつうの光源を用いるときのことです。レーザー光を用いれば，光路差の制限はなくなるんですね。そして大きな立体像を干渉で作ることができます。ホログラフィーとよぶ技術です。どこかで見かけたことがあるんじゃないかな。

　何もないところに立体像が現れて，しかも動く。まさに，「色即是空，空即是色」の世界だね。あっ，この言葉は知らなくていいですよ。単なるツブヤキです(笑)。

　「力学・波動」はここまでです。「熱・電磁気・原子」は第 2 巻で扱います。

索　引

浜島 清利 *Kiyotoshi HAMAJIMA*

河合塾講師

名古屋大学大学院卒

理学博士

　物理の面白さを伝えたいとの一心で教壇に立つ。「分かった！ と叫び出したくなるような感動を味わってほしいですね。それが科学の醍醐味（だいごみ）です」と語る先生の授業は，図を描いて，直観的・定性的に説明することを重視する"手作りの物理"と塾生に大好評だ。

　趣味は囲碁など。そして，黄昏時（たそがれどき）の散歩，美しい夕焼けに出会うと日の沈むまで見入ってしまうというロマンチストである。ただ，そんな時間がなかなかとれないのが悩みとか──。

主な著書：『物理のエッセンス』，『良問の風／物理』，『名問の森／物理』（以上，河合出版）。『らくらくマスター物理』（共著・河合出版）。

著者ホームページ：物理のエッセンスの広場
　　　　　　　　https://hamajimakiyotoshi.web.fc2.com/

物理授業の実況中継 1

2024 年 4 月 1 日　初版発行

著　者　浜島清利

発行人　井村　敦

編集人　藤原和則

発　行　（株）語学春秋社

　　　　東京都新宿区新宿 1-10-3

　　　　TEL 03-5315-4210

本文デザイン　トーキョー工房

カバーデザイン　（株）アイム

印刷・製本　壮光舎印刷